AF307236

La reconquête des friches urbaines

*Un potentiel caché pour un
hypercentre en dynamique évolué*

©2022. EDICO
Édition : JDH Éditions
77600 Bussy-Saint-Georges. France
Imprimé par BoD – Books on Demand, Norderstedt, Allemagne

Réalisation et conception couverture : Cynthia Skorupa

ISBN : 978-2-38127-290-0
Dépôt légal : novembre 2022

Le Code de la propriété intellectuelle n'autorisant, aux termes de l'article L.122-5.2° et 3°a, d'une part, que les copies ou reproductions strictement réservées à l'usage privé du copiste et non destinées à une utilisation collective, et d'autre part, que les analyses et les courtes citations dans un but d'exemple et d'illustration, toute représentation ou reproduction intégrale ou partielle faite sans le consentement de l'auteur ou ses ayants droit ou ayants cause est illicite (art. L. 122-4).
Cette représentation ou reproduction, par quelque procédé que ce soit constituerait une contrefaçon sanctionnée par les articles L. 335-2 et suivants du Code de la propriété intellectuelle.

Sana Ben Abdallah

La reconquête des friches urbaines

Un potentiel caché pour un hypercentre en dynamique évolué

JDH Éditions

Les Pros de l'Immo

« *La ville est une "œuvre d'art sociale", sa structure profondément intégrée est le produit de milliers d'esprits et de milliers de décisions individuelles, sa diversité résulte de juxtapositions inattendues et d'interactions imprévisibles.* »

Claude Levis

INTRODUCTION

« La ville n'est pas un objet figé, mais est en perpétuel mouvement. Elle se transforme au rythme où évoluent les sociétés, les modes de production, les populations, les modes de vie, les modèles politiques et économiques à un temps spécifique. Différentes périodes historiques témoignent de cette mutation constante de la ville et soulignent les différents modes d'évolution qu'elle adopte[1]. »
Tunis ne déroge pas à cette règle, elle a connu depuis trois décennies de profondes transformations de son espace, suite à une recomposition socio spatiale ; citons : la répartition de la population entre l'ancien noyau et la ville européenne, l'arrivage des Siciliens et le grignotage de la partie ouest de la ville, l'exode rural et ses conséquences, etc.
Outre les mutations socio-économiques, l'apparition de nouvelles centralités a contribué à l'étalement parfois démesuré et à la perte de la centralité et la poly-fonctionnalité du centre. Ainsi, la création des équipements structurants d'envergure internationale cite l'exemple du port de Radès qui a accueilli toutes les activités portuaires de la ville dont les anciennes du vieux port de Tunis. Dès lors, l'hypercentre se caractérise par une densité des services et des fonctions tertiaires.
Ces changements parmi d'autres rendent le tissu urbain de la ville à l'échelle macro et son hypercentre, à l'échelle micro, fragmenté, incohérent avec un état de crise de gestion de foncier, et ils ont donné naissance à des espaces délaissés.

---

[1] Grégoire Beaumont, *Mémoire, occupation temporaire et aménagement des friches urbaines*, 2017

L'objet d'étude de ce livre concerne principalement les espaces délaissés, appelés les friches urbaines, situés au sein de la ville et qui présentent aujourd'hui un point de départ pour repenser l'image de l'hyper-centre. Ces espaces constituent une véritable opportunité foncière devant la crise d'étalement et l'insuffisance des terrains urbanisables à Tunis.

L'enjeu est alors de reconstruire la ville sur elle-même dans une logique de développement durable respectueux de l'environnement et favorisant la mixité sociale et fonctionnelle.

Une question substantielle parmi plusieurs interrogations qui se posent : **Que faire de ces terrains vacants à l'allure incertaine ?**

À l'échelle mondiale, on trouve dans plusieurs villes des friches de différentes typologies qui ont été mises en valeur ; nous avons comme exemples : un ancien corps de ferme en Chine se trouve relooké en média-thèque, une caserne de gendarmerie est transformée en un hôtel haut de gamme, un vieil entrepôt en France est totalement rasé et l'on édifie un ensemble de logements sociaux que l'on trace en parc urbain.

L'éventail des propositions de substitution des activités et des constructions est ouvert, ce qui n'empêche pas des phénomènes de mode ; citons l'exemple de la reconversion des docks à Londres, Buenos Aires, Barcelone « branchée » avec des galeries d'art, des boutiques de mode, etc.

Car il est possible qu'un éphémère devienne pérenne, nous avons choisi de reconquérir et raviver les friches pour revitaliser l'image du centre-ville de Tunis et injecter de nouvelles fonctions.

PROBLÉMATIQUE

La ville de Tunis représente la capitale économique et politique de la Tunisie, et son hypercentre est le levier de ces activités, où se concentrent les services, les moyens de transport, et où se déroulent les évènements de grande ampleur. De plus, elle représente pour une majorité de la population un espace de rencontre et de convivialité.

D'un autre côté, le centre de la ville de Tunis souffre par un état de défaussement à l'échelle urbaine comme à l'échelle architecturale.

En effet, nous relevons une perte de centralité à cause de l'apparition de nouvelles centralités en périphérie de la ville, de l'insuffisance foncière qui a contribué à la hausse des prix du foncier, de l'éparpillement et de l'anarchie dus à la disposition des activités informelles un peu partout sur les trottoirs, d'un état de délabrement de la majorité des bâtiments et de la présence des espaces abandonnés et en déshérence.

Néanmoins, les friches qui ont leur place dans le gradient urbain et qui présentent dans le temps présent des espaces freins pour l'extension de la ville peuvent être une véritable opportunité foncière et à la fois une chance de revoir la politique d'urbanisation et de passer de l'urbanisme de consommation de l'espace à un urbanisme de recyclage qui suscite de construire la ville sur la ville elle-même. Par le fait, cette réflexion va nous permettre d'assurer l'intégration de ces espaces en désuétude, qui reflètent réellement les témoins de la manière dont la société gère ces changements et aussi des atouts indéniables pour le développement futur de nos villes, par l'attribution de nouvelles fonctions à ces espaces. Ce projet sera un point de départ à la fois pour leur mise en valeur et pour la revitalisation de l'image de l'hypercentre sur diverses échelles ; urbaine, architecturale et paysagère.

Tout en partant de cette idée, **comment peut-on profiter de l'opportunité foncière que constituent les friches urbaines afin d'injecter des fonctions qui auront pour objectif de revitaliser l'hypercentre et redorer son image ?**

Notre problématique pose d'abord des questions pour l'analyse du site :

– *Que représentent les friches du centre-ville de Tunis ?*

– *Quelles sont leurs spécificités ?*

Et des questions du projet :

– *Quelles fonctions peut-on attribuer à ces espaces pour les raviver ?*

– *Quelles réponses spatiales peut-on composer qui respecteront l'identité du lieu tout en modernisant l'image de l'hypercentre ?*

MÉTHODOLOGIE DE TRAVAIL

Afin de répondre à cette problématique et dans le souhait d'aboutir à une conception cohérente du projet, nous avons opté pour une démarche fondée sur le travail à la manière du cerveau qui se compose de trois phases :

Pour ce faire, nous avons procédé à la première phase de **la création** (idéelle), qui consiste à faire une collecte de savoir), qui consiste à faire une collecte de savoir, d'informations, de données, d'informations, de données, à faire des connexions à partir de mots clés, qu'elles soient des connexions logiques ou pas, à faire une gymnastique du cerveau en stimulant sa partie inconsciente du cerveau et développer la réflexion.

Ensuite, la deuxième phase, **la conception** analytique, référentielle et schématique, qui représente la partie consciente du cerveau, dans laquelle nous sélectionnons les connexions « logiques » ou celles qui ont un rapport direct avec l'urbanisme, et l'idée abordée en tirant des concepts opérationnels pour la composition.

La partie analytique est composée de deux parties :

– La première partie permet de décortiquer notre territoire d'étude d'une manière distinctive qui répond à notre problématique ;

– La deuxième partie dédiée à l'analyse de contexte d'intervention tout en utilisant différentes approches afin de mieux comprendre l'état et l'insertion des friches, sujet d'intervention dans l'ensemble de tissu urbain.

Enfin, la dernière phase et la plus méticuleuse, **la composition** (graphique, plastique...) du projet qui permet de mettre en ordre les idées, les concepts, les composer, les fusionner, les hiérarchiser et les traduire en spatialités de vécu. (Voir fig. 1)

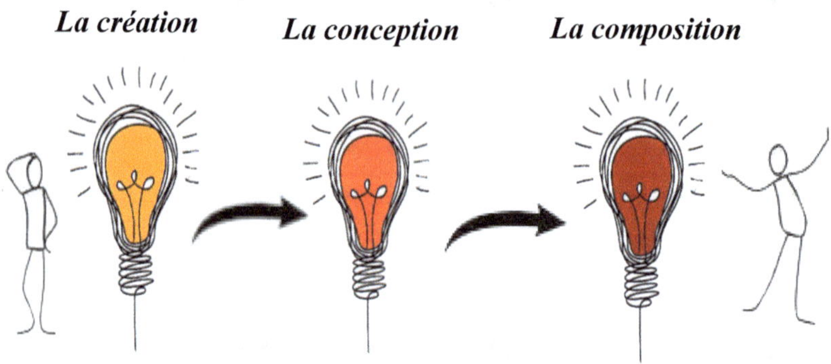

Figure 1 : les 3C, les trois piliers du projet : travail personnel

Les techniques et les outils d'investigation

À chaque étape du projet, nous avons recours à une méthode de divergence basée sur la recherche-action, l'enquête et l'élargissement des connaissances. Suivie d'une méthode de convergence qui consiste à sélectionner, choisir et organiser les idées, puis les composer et hiérarchiser pour former un modèle de vécu propre au contexte qui répond implicitement au sujet.

On ramène ainsi la recherche au niveau du vécu et même à la conception, il s'agit de :

— **Recherche-action** : on observe et on fait la recherche ;

— **Enquête** : un prélèvement visuel et sensationnel, à travers lequel nous retrouverons une nouvelle qualité spatiale et connaîtrons mieux l'espace. C'est un moyen de recherche qui développe et oriente le schéma de la conception ;

– **Questionnaire** : auprès des citoyens et des étudiants, à travers lequel nous retrouverons les informations nécessaires, et afin de mieux répondre aux besoins des citoyens au niveau du projet ;

– **Modélisation** : chercher notre propre modèle pour construire notre propre projet qui se réalise sur deux phases ; la première consiste à l'étude référentielle analytique et la deuxième est la conception afin de rendre le projet intersubjectif et spécifique. (Voir fig. : 2 et 3)

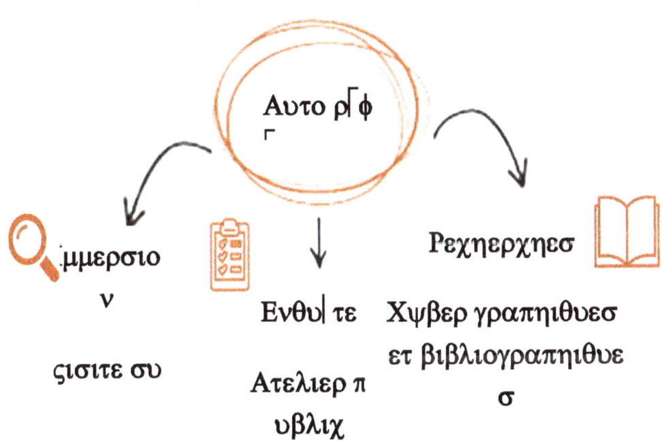

Figure 1 : l'auto-référencement : Travail personnel

L'auto-référencement

L'auto-référencement se base sur la collecte des informations et des idées nécessaires à la réflexion.

L'enquête

L'enquête sur terrain est une partie importante dans l'analyse du contexte d'étude. « L'enquête de terrain s'est révélée être un « moment » fort de découverte de l'univers des gens des périphéries par le chercheur[2]. »

L'enquête du terrain, dans le terrain, permet une perception plus développée du vécu.

Plus que sociale, l'enquête est immersive. Il s'agit d'être enquêteur et enquêté en même temps, c'est participer à l'expérience physique et émotionnelle de la ville et se mettre à la place de l'usager, pendant les différentes heures de la journée et les différentes conditions climatiques, pour sentir ce qu'il sent et pour détecter ses besoins et ses souhaits.

Ainsi, l'enquête perceptive permet d'analyser la relation entre l'usager et l'espace qu'il pratique, les difficultés, le manque, les causes et les conséquences. Tous les sens participent à cette opération, qui constitue l'outil essentiel de la « recherche-action ».

L'approche participative

« L'approche participative (AP) s'apparente à la volonté d'accéder à un processus de transformation sociale du point de vue écologique et économique ; la manière de la concrétiser doit, par conséquent, être adaptée au contexte local. Afin d'acquérir une meilleure visibilité et efficacité de la démarche à suivre, il est crucial de la décomposer en plusieurs étapes, puis en plusieurs phases. Ce processus exige l'élaboration

---

[2] Madani Safar Zeitoun, *Urbanité(s) et Citadinité(s), dans les grandes villes du Maghreb.*

de critères d'évaluation qui permettent de se faire une idée de l'état d'avancement et de réussite des différents stades dont on vient de parler. De plus, la communication est la clé de voûte de l'AP dans le sens où elle permet de véhiculer les messages à transmettre, qu'il s'agit alors de s'approprier[3]. »

Brainstorming

Le brainstorming est une technique de recherche-action qui se base sur la récolte d'un maximum d'idées.

Il faut ainsi se laisser aller, rebondir sur les idées exprimées et chercher le plus grand nombre d'idées possible sans critiquer ou imposer ses idées.

Nous allons élaborer cette technique en deux phases :

1ère phase : récoler le maximum d'idées pour orienter les recherches, auprès des étudiants d'urbanisme et d'architecture, qui présente un domaine indissociable de l'urbanisme.

2e phase : une exploitation des idées recueillies, d'une manière analytique, permet de les reformuler, les classer et les hiérarchiser, afin de fixer les idées retenues et dresser un plan de travail.

---

[3] Morgane Leguenic, « L'approche participative, fondements théoriques, application à l'action humanitaire », septembre 2001

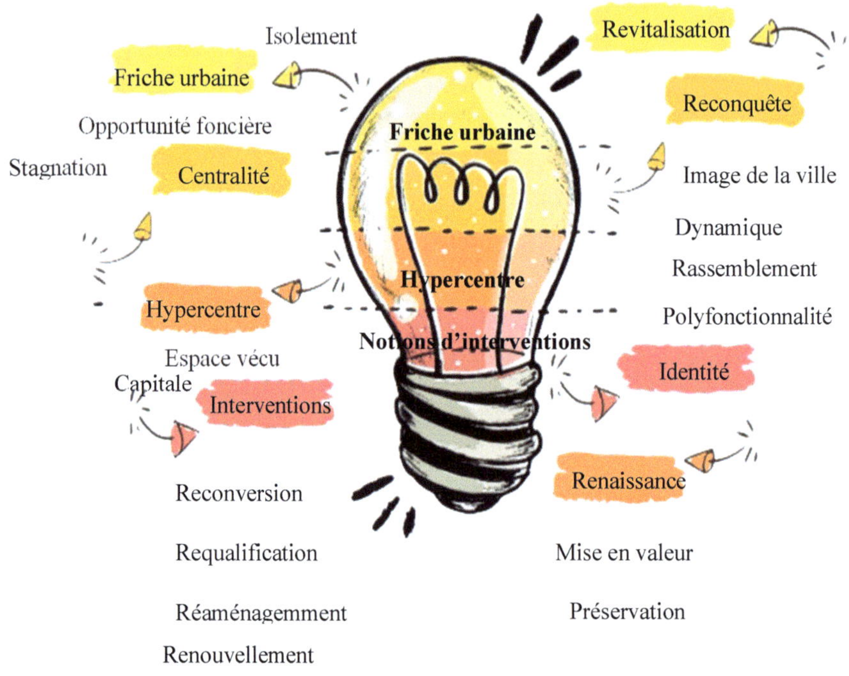

Figure 3 : Brainstorming : travail personnel

L'analyse séquentielle

Selon Phillipe Panarei, « l'identification des éléments qui constituent le paysage ne se conçoit, c'est l'intérêt de cette approche, que dans une analyse directe, sur le terrain. La ville y est appréhendée de l'intérieur par une succession de déplacements. Cette façon de procéder, où la ville n'est plus seulement une vision panoramique, à vol d'oiseau ou en plan avec un point de vue proche de l'infini, ne naît pas avec Lynch ; elle est liée au développement des nouveaux modes de transport (la vitesse, on l'a vu, incite à porter un nouveau regard sur l'espace), et surtout elle emprunte largement aux nouvelles formes de représentation de l'espace qui naissent avec les découvertes scientifiques.

À la fois unité sémantique et découpage technique, la notion de *séquence visuelle* est directement issue du cinéma. Appliquée à l'architecture et à la ville, l'analyse séquentielle permet d'étudier les modifications du champ visuel d'un parcours.

Pour un observateur progressant selon une direction déterminée, un parcours, ou quelque trajet que l'on aura décidé d'étudier, peut se découper en un certain nombre de séquences, chacune constituée par une succession de « plans » dans lesquels le champ visuel est déterminé d'une façon constante ou subit des modifications minimes. Chaque "plan" est susceptible d'être caractérisé, le passage d'un plan à autre peut être décrit[4]. »

---

[4] Phillipe Panarei, *Analyse urbaine.*

CHAPITRE 1
Parenthèse conceptuelle

Introduction

Ce chapitre est une introduction globale, une définition de schème et un élargissement de recherche afin de tirer les connexions nécessaires à l'étude et la conception du projet.

1 – Le centre-ville entre centralité et identité

Dans le contexte des villes contemporaines, parler de centre est devenu complexe ; tentons toutefois de cerner ce concept. Retenons, dans un premier temps, la définition proposée par Reynaud (1992) : le centre, c'est essentiellement : « *là où les choses se passent, le nœud de toutes les relations*[5] », ceci indépendamment de l'échelon considéré ; ainsi, il est possible de parler de centre de quartier, de centre-ville, de centre de pays, pour autant qu'une « concentration » d'éléments, de facteurs ou de valeurs soit présente.

En outre, le centre peut varier considérablement selon les individus (ou groupes) : limites, caractéristiques, éléments de référence, se modifient en fonction des points de vue et des représentations, les analyses à partir des cartes mentales ayant largement mis en exergue ces divergences.

---

[5] Reynaud (1992).

Le centre est à la fois un point (ou pôle) de convergence et de rayonnement, ceci en analogie à l'usage qu'il est fait du terme en physique et en mécanique (centres d'attraction et de gravitation). Ce rayonnement (ou centralité) peut être de type politique, économique, social, culturel, etc., et se mesure en termes d'aires d'influences multiples (ville, agglomération, région, nation, continent, monde).

Le centre peut ainsi être abordé à travers les notions de concentration et de densité (populations et activités). Au niveau fonctionnel, le centre-ville regroupe en effet un ensemble de services et de commerces (indépendants des usages quotidiens), d'équipements de loisirs et de culture. Par ailleurs, le centre représente le lieu du pouvoir, qu'il soit financier et/ou économique : s'y trouvent regroupés les directions de services étatiques, les sièges sociaux d'entreprises ou de sociétés.

Au niveau symbolique, le centre permet de véhiculer la mémoire collective, mémoire qui s'incarne dans des éléments patrimoniaux particuliers : bâtiments ou espaces publics, tracé et noms de rues, etc. ; cet espace central n'est par conséquent pas figé, mais s'est façonné au cours du temps. Enfin, le centre urbain peut être considéré comme le point de jonction entre sacré et profane, le lieu de transition entre divers niveaux de réalité[6] .

Cette importance du centre a incité certains auteurs à le considérer en tant qu'essence même de la ville,

---

[6] Racine (1993).

dimension constitutive de l'urbain : lieu de simulta-
néité, de rassemblement, de rencontre d'éléments à
la fois réels (activités, individus, objets) et virtuels
(concentration des mémoires et des temporalités).

Ledrut (1973) montre à quel point le centre est qualifié
socialement : « *Les grandes artères, les places comme
les monuments sont à la fois d'ordre quantitatif (éléments d'un réseau spatial) et d'ordre qualitatif (point
de concrétisation de la ville pour chacun de nous)*[7]. »
À travers ses analyses empiriques, Ledrut souligne
l'importance des dimensions matérielles (usages du
centre) et symboliques du centre ; ainsi, le centre
évoque pour les citadins à la fois un lieu, une forme,
un monument, mais aussi des activités et des qua-
lités particulières.

2 – Le centre-ville de Tunis

Le centre-ville de Tunis, ou autrement l'hyper centre
de la ville, représente le noyau typique et historique
de Tunis, qui se caractérise par une composition
entre médina et tissu colonial.
En outre, il présente le cœur vivant et le lieu ; où se
concentrent les fonctions de pouvoir de l'agglomération ; où on trouve une concentration des activités,
services et sièges sociaux d'entreprises ou de sociétés, ce qui confère à cet espace une centralité dans la
ville. Il devient un espace de convivialité, de rencontre et d'identité. Nous avons relevé ces dernières
années une perte de sa centralité et son dynamisme.
Une situation qui nécessite toute une stratégie d'intervention.

---

[7] Ledrut (1973, p. 113).

3 – Les notions d'interventions

Parmi plusieurs notions et opérations qui pourront être des solutions d'intervention sur les centres-villes dévitalisés, nous nous intéressons plus particulièrement aux possibilités suivantes :

Renouvellement urbain, régénération et revitalisation

Renouvellement, régénération, revitalisation, renaissance... Toute une série de termes portant le préfixe « re » sont venus enrichir en quelques années le vocabulaire de l'aménagement urbain.
Sans nécessairement apporter d'innovation, ils ont mis des mots sur des pratiques de plus en plus utilisées visant à reconstruire la ville sur elle-même.
Pour autant, le sens de mots tels que renouvellement ou régénération urbaine mérite d'être précisé. (Voir fig. 6)

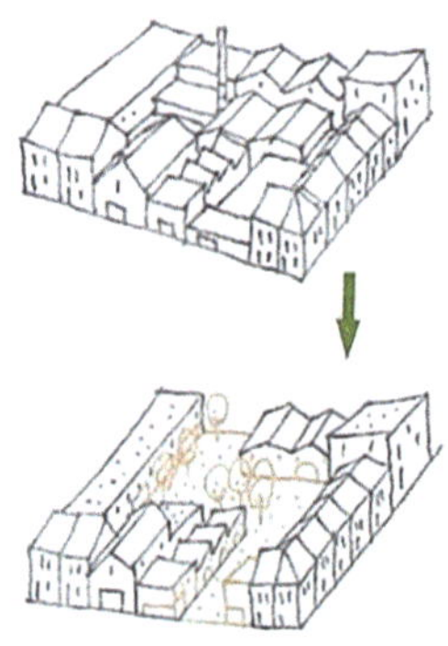

*Figure 2 : Croquis sur le renouvellement urbain :
source mémoire d'architecture : retisser la ville*

Le renouvellement urbain concerne toutes les échelles, du village aux agglomérations. Il prend des formes différentes et peut s'adapter à de nombreuses situations et contextes, générer des vides comme des pleins. Le renouvellement urbain, même s'il concerne l'ensemble des tissus déjà urbanisés, peut représenter une part significative de la production de logements dans nos territoires. Faire le choix d'une acceptation large de la définition du renouvellement urbain, c'est donner plus de possibilités dans les territoires pour cesser définitivement de consommer de nouveaux espaces encore vierges de constructions.

Le premier objectif est de lutter contre l'étalement urbain. En raison des investissements lourds liés au développement des réseaux, enterrés ou de surface, favoriser la construction dans des secteurs déjà équipés et aisés à aménager permet d'utiliser les équipements présents, voire de les améliorer.

Le deuxième objectif est d'optimiser les réseaux existants. Enfin, le renouvellement urbain n'est pas une contrainte mais bien une réponse aux besoins des habitants. Il va favoriser la mixité sociale, intergénérationnelle et fonctionnelle, faciliter l'accessibilité à la ville pour tous et lutter contre l'étalement urbain.

Le troisième objectif est d'améliorer la qualité et le cadre de vie[8].

Le renouvellement urbain englobe différentes formes d'intervention sur la ville :

- La restructuration des quartiers ;
- La résorption de l'habitat insalubre dans les centres anciens ;
- Le traitement des friches urbaines.

---

[8] AUDAP (2012).

De nombreuse opérations d'aménagement conduisent à de véritables interventions de régénération de la ville à travers :

– La réorganisation spatiale ;

– La mixité des programmes ;

– La revitalisation du commerce et des activités économiques ;

– La réalisation d'équipements structurants.

Et selon Claude Charline : « *La reconstruction de la ville sur elle-même a pris autant d'importance, sinon plus que l'extension périphérique des agglomérations. Elle consiste pour une grande part en reconquête des friches urbaines*[9]. »

Notions d'intervention

Le thème des friches soulève des interrogations lourdes sur la reconquête et l'image d'un territoire, et la question qui se pose est la suivante : quelles sont les notions qui assurent l'intervention sur ces espaces afin de revitaliser l'image de notre territoire ?
La reconversion : selon P. Ruchen, « la conversion utile et productrice d'œuvres architecturales doit permettre à la ville de se reconstruire sur elle-même[10] ».
L'opération renvoie à la transformation de l'activité des structures en vue de leurs adaptations à une évolution économique, sociale, environnementale ou autre. (Voir figure 7).

---

[9] Claude Charline, *La régénération urbaine*, PUF, Éditions Que sais-je ? 1999.

[10] P. Ruchen, *La régénération urbaine*, PUF, Éditions Que sais-je ? 1999.

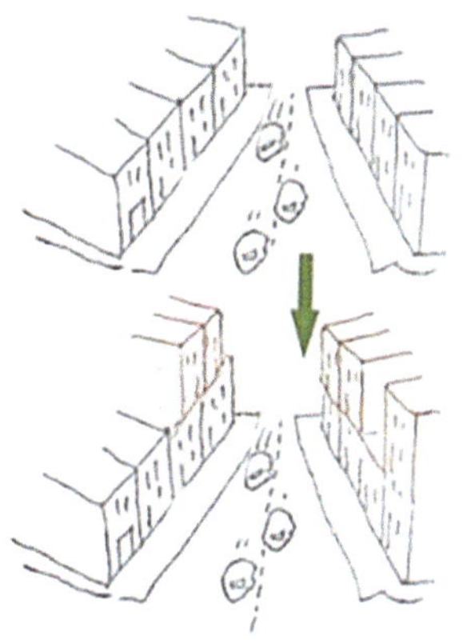

Figure 3 : Croquis sur la reconversion : source mémoire d'architecture : retisser la ville

Les objectifs de la reconversion :
– Elle vise une meilleure exploitation des potentialités de l'édifice tout en changeant son usage ;
– Imaginer des usages nouveaux et une réadaptation architecturale pour des bâtiments.

La requalification urbaine

Le terme « requalification urbaine » est souvent utilisé pour définir des projets très différents.

Et il peut à la fois représenter des projets initiés par des habitants, par des acteurs privés ou par les pouvoirs publics ; elle peut concerner de petites interventions (réaménagement d'une rue ou d'un vieux bâtiment) ou de grands projets (réaménagement de zones de friches, quartiers anciens ou dégradés...), ou encore des projets qui ont comme but l'amélioration de la qualité de vie des habitants du quartier et d'autres qui visent plutôt au développement économique de la ville[11].

Réaménagement urbain

Le réaménagement urbain crée les conditions d'une vie nouvelle pour les quartiers menacés d'un abandon total. Il implique un certain degré de changement de la configuration physique et il n'implique pas obligatoirement une modification systématique de la trame, des volumes et des bâtiments.

4 – Les friches : généralités

Définition

Le mot « **friche** » tire ses origines du monde agricole. Son étymologie vient du terme médiéval néerlandais « versch », qui signifiait « terre fraîche ». De manière plus générale, le mot signifie : « terre agraire non utilisée, dû à une infertilité du sol, à une trop grande parcelle de terre à cultiver ou à une situation transitoire de jachère ».

C'est dans le milieu de l'urbanisme que le terme s'est peu à peu installé afin de décrire de manière générique des espaces à l'abandon.

Au vu des nombreuses raisons pouvant mener à une situation de friche, il est nécessaire de garder à l'esprit que le terme peut posséder plusieurs sens, englobant diverses situations où cohabitent de grands espaces infrastructurels obsolètes, des surfaces dont les activités ont disparu ainsi que des terrains vagues au sein même du tissu urbain.

---

[11] Crévilles (2009).

Typologies

En s'appuyant sur la définition précédente des friches, nous pouvons désormais différencier plusieurs types de friches urbaines en nous appuyant sur l'usage qui y était pratiqué avant leur cessation d'activité. Néanmoins, au vu de la diversité des sites en état de friche, l'élaboration d'un listing exact demeure un travail délicat. Parmi plusieurs typologies de friches, nous avons quatre types communément rencontrés dans nos villes :

– **La friche industrielle** : les premières friches industrielles émergent principalement au cours des années 1950. Leur apparition est liée à la délocalisation des activités industrielles dans les zones périphériques des villes et à cause d'un arrêt massif de la production industrielle et du domaine énergétique.

– **La friche portuaire** : durant les vingt dernières années, plusieurs villes portuaires mondiales ont vu ces sites être remis en question, ce qui a mené à l'abandon de beaucoup de zones portuaires. Nous pouvons citer comme raisons de cet abandon la compétition des transports routiers et ferroviaires, mais surtout l'évolution logistiques (conteneurs) qui ont menés à une standardisation et à l'apparition de nouvelles manutentions, de stockage et de transbordement, et qui de ce fait ont sévèrement réduit les dimensions de ses espaces de stockage contemporains.

– **La friche militaire** : elle se trouve principalement au cœur des centres urbains, il s'agit surtout d'édifices administratifs et de commandement. Souvent classés, ces espaces sont la plupart du temps réutilisés par les institutions. Il est à noter que la réaffectation des constructions militaires localisées dans les cœurs historiques des villes est un processus séculaire qui s'est de tout temps déroulé durant l'évolution des agglomérations.

– **La friche ferroviaire** : nous avons trois types de friches ferroviaires :

- Bâtiments de gares abandonnés à cause de la baisse de demande ;
- Aires ferroviaires obsolètes à cause d'évolutions technologiques ;
- Sites ferroviaires industriels en lien avec les sites de friches industrielles.

Ces friches présentent toujours un enjeu urbanistique.

Les critères de définition des friches

On peut décliner différentes typologies des friches, en fonction de critères variés (degré d'abandon, mode d'occupation, degré d'artificialisation, structure foncière, niveau de pollution, valeur patrimoniale du site, etc.).

Ces critères, au demeurant, peuvent se combiner, conférant ainsi au phénomène de la friche une complexité ayant pour effet d'accroître non seulement les difficultés d'identification et d'analyse, mais aussi de traitement et d'aménagement. En d'autres termes, la diversité des situations exclut la possibilité de définir un modèle d'intervention « standard » en vue de la requalification des friches. Une première distinction peut être établie selon le degré d'abandon des sites, qui peut être partiel, lorsqu'un type d'activité est maintenu sur une partie de l'emprise de la friche, ou total si l'ensemble des parcelles antérieurement occupées se trouvent délaissées.

La requalification d'une friche sera envisageable dans des termes foncièrement différents[12], selon qu'il s'agit d'espaces bâtis, offrant éventuellement de réelles opportunités de reconversion, ou non bâtis. Il est aussi possible que certains éléments aient pu être démontés, laissant place uniquement à des éléments enfouis.

– **La structure foncière** : des friches peuvent relever de situations très contrastées, tantôt marquées par un fort morcellement, tantôt offrant à la fois les contraintes et l'opportunité d'un site unique de très grande dimension, comme par exemple une base aérienne désaffectée ;

– **Le degré d'artificialisation** : permet aussi d'établir une distinction qui ne peut être indifférente aux perspectives de réaménagement. Une friche totalement artificialisée ne présente de toute évidence pas les mêmes potentialités et/ou contraintes qu'une friche « naturelle », résultant d'une enclave non utilisée depuis de nombreuses années.

---

[12] Henri Vantorre, *Le recyclage urbain*, 2018.

– La fonction et le mode d'occupation antérieurs : ils ne sont pas non plus sans incidence sur le contenu des projets dont les friches peuvent faire l'objet. Ainsi, les projets, et leur intégration dans un projet urbain plus large, tout comme les obstacles rencontrés lors de leur mise en œuvre, ne seront pas de même nature selon qu'il s'agit d'une friche industrielle, avec parfois des problèmes de démantèlement et de dépollution majeurs, d'une friche commerciale ou tertiaire souvent caractérisée par une forte densité de bâti, d'une friche militaire qui libère généralement des espaces considérables, d'une friche ferroviaire qui nécessite, outre la résolution de problèmes fonciers complexes, de surmonter des contraintes liées à une topologie singulière, linéaire, ou encore d'une friche religieuse (anciens couvents ou églises désaffectées) souvent située en zone centrale et présentant une forte valeur patrimoniale. Les sites ferroviaires désaffectés constituent un type de friche particulier, avec des hangars immenses, par exemple.

– Le degré de pollution : il conduit à distinguer les sites, la reconversion de certains pouvant être complexe par la présence d'effluents liquides infiltrés dans les sols anciennement occupés par des activités d'industrie lourde ou encore de déchets toxiques enfouis.

Enfin, les friches peuvent se différencier en fonction de leur histoire et de la mémoire dont elles sont porteuses. Ainsi, un site marqué par une histoire sociale forte ou une technologie emblématique pourra chercher à en valoriser sa mémoire au moment de sa requalification. Mais ceci ne sera sans doute pas sans conséquence sur le niveau des valeurs foncières des terrains concernés. Cette diversité de situations se trouve amplifiée par la localisation géographique, qui peut être très variable, selon que la friche se situe en agglomération, en centre-ville, à l'extérieur d'une agglomération ou dans une agglomération de grande ou de petite taille.

5 – Les friches dans le centre-ville de Tunis

Sans recensement précis, les friches apparaissent clairement dans le cadre urbain de la ville de Tunis, dont elles reflètent un état de stagnation de la politique d'aménagement.

En outre, dans notre cas d'étude, les friches représentent des marqueurs d'une identité et d'une mémoire passée avec un certain attachement ressenti par les anciens habitants de la ville.

État des lieux

La majorité des friches dans la ville de Tunis se caractérisent par un état souvent délabré, voire pollué, et d'abandon, seulement quelques-unes ont été reconverties.

Selon la carte suivante, nous montrons que les friches se trouvent un peu partout dans la ville et avec des superficies assez importantes.

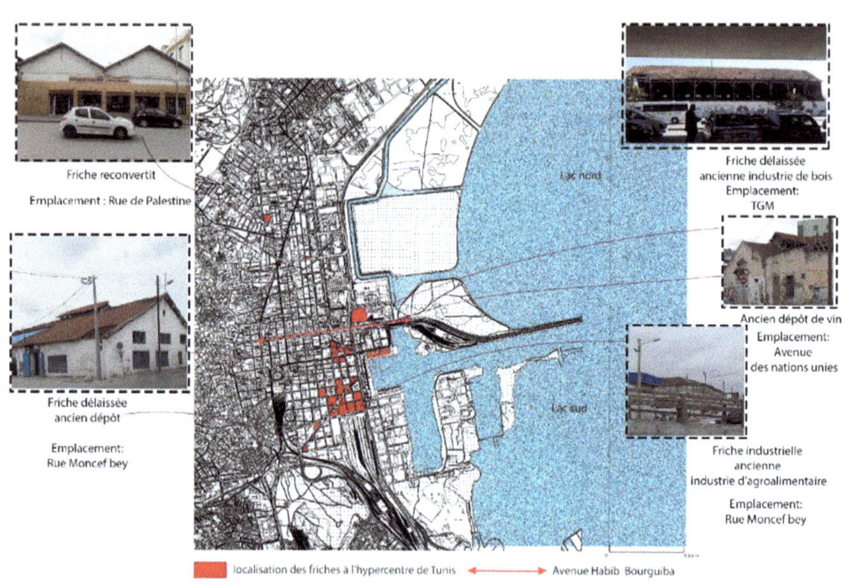

Carte 1 : Carte de localisation de quelques friches à l'hypercentre

CHAPITRE 2

Naissance et contextualisation du territoire d'étude et d'intervention

Introduction

À travers ce chapitre, nous allons effectuer une lecture historique de notre territoire d'étude et d'intervention. Tout en revenant à l'origine des choses, nous allons identifier les spécificités de l'ensemble du périmètre.

1 – De la constitution de l'empreinte de territoire d'étude et d'intervention

Contextualisation : la ville de Tunis, le dédoublement

La ville de Tunis est la ville la plus peuplée et elle est la capitale de la Tunisie depuis l'époque Hafside. Elle est aussi le chef-lieu du gouvernorat du même nom depuis sa création en 1956. Située au nord du pays, au fond du golfe de Tunis dont elle est séparée par le lac de Tunis. La cité s'étend sur la plaine côtière et les collines avoisinantes. Son cœur historique est la médina, inscrite au patrimoine mondial de l'UNESCO.

La médina

La médina est le centre historique de Tunis ; en effet, chaque centre historique de chaque ville est imprégné des signes, d'une culture, d'une histoire pouvant être la souche de la mémoire collective d'un peuple qui, suite aux influences diverses de son histoire, retrouve des repères qui vont lui permettre de rentrer dans un monde contemporain en pleine évolution.

Elle est le témoignage d'un urbanisme qui nous est parvenu inchangé depuis le XVIIIe siècle, la médina de Tunis étant une des vieilles villes les mieux conservées et classée au patrimoine mondial de l'UNESCO depuis 1979 pour son urbanisme arabo-musulman. (Voir fig. 15).

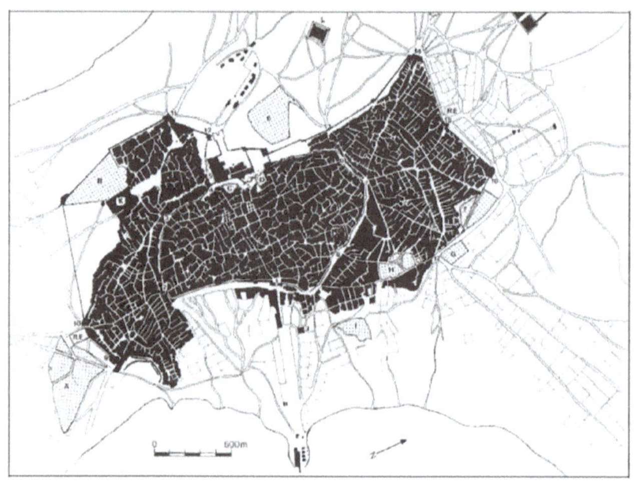

Figure 4 : ancien plan de la Médina de Tunis
Source : www. google.com

La ville neuve

« Les premières années de l'instauration du protectorat confirmeront le développement de la ville neuve dans la même direction, sur un site étroit, défavorable de 800 mètres de large d'est en ouest et de 3 kilomètres de long du nord au sud.

Ce site, pris entre la ville ancienne et les rives du lac, sur des terres basses vaseuses, sillonné d'égouts à

ciel ouvert, occupé par des jardins maraîchers, des cimetières et un réseau de voies ferrées, allait connaître une profonde et lente transformation[13]. »
La gestation et la construction de la ville neuve vont durer près de trente ans, de 1881 à 1914, durant laquelle des mutations immobilières accélérées par la Loi du 1er juillet 1885, avec de grands travaux d'infrastructure, d'équipements, de tracés viaires et de lotissements neufs qui vont permettre à la ville nouvelle de se construire. (Voir fig. : 18, 19,20,21 et 22)

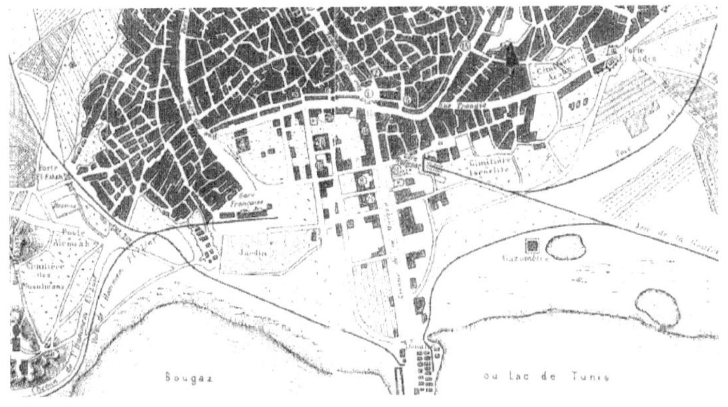

Figure 5 : Les premières tentatives de construction de La ville neuve, Tunis 1884
Source : www.google.com

---

[13] Leila Ammar, *La rue à Tunis : réalités, permanences et transformations : de l'espace urbain à l'espace public*, 1835-1935.

Figure 6 : Tunis en 1878   Figure 7 : Tunis en 1890

Source : ouvrage Tunis d'une ville à autre, *Leila Ammar*

Le territoire d'étude

« L'hypercentre » ou le centre-ville représente notre objet d'étude, c'est un espace réduit de la capitale clairement perçu et où se concentre le pouvoir de commandement ; il représente en prémices le cœur typique et historique de la ville de Tunis aussi bien que le centre dynamique où se manifestent la culture, le commerce et les échanges sociaux et politiques.
Notre territoire d'étude est délimité au nord par la médina et au sud par le lac de Tunis, et ces deux composantes sont reliées par l'axe historique qu'est l'avenue Habib Bourguiba, et à l'ouest par le quartier de la petite Sicile.

L'avenue Habib Bourguiba

« Née d'un urbanisme du XIXe siècle moderne, soucieux de régularité, d'alignement, de perspective et de tracé précis définissant le statut du sol, cette perspective plantée entre la vieille ville et le lac a donné naissance à la ville moderne du début du XXe siècle. » Cet axe historique, aujourd'hui avenue Habib Bourguiba, jadis promenade et avenue de la Marine puis Avenue Jules Ferry, s'élance depuis Bab Bahar en direction du lac sur 1,5 km de long par 60 m d'emprise. Il est véritablement le joyau urbain de la capitale tant sur le plan des formes architecturales et de la qualité de l'espace public que sur le plan de l'urbanité et des sociabilités multiples qui y prennent place et s'y développent.

Les berges du lac de Tunis

« Vacuum de plus de 4 000 ha rempli d'eau marine, longue de près de 10 km et reliée à la mer par trois passes, la lagune constitue à la fois une porte d'entrée de la mer sur la ville et une coupure entre ces dernières. Arabes, Ottomans, Français ont dû composer avec de telles distances et surfaces et avec si peu de profondeur (pas plus d'un demi-mètre à la fin du siècle dernier). La création d'un port dès la fondation de la ville arabe, le creusement de canaux pour maintenir le contact avec le grand large, la partition de la lagune en deux par les colons français traduisent la volonté de s'immuniser contre un milieu trop complexe[14]. »

---

[14] Paul Sebag, *Tunis, l'histoire d'une ville*, Éditions L'Harmattan, 2000.

En **1983**, l'État tunisien s'associe au groupe privé saoudien Al Baraka pour assainir et réaliser une opération de promotion foncière censée rembourser les frais engagés dans les travaux.

Trois ans furent nécessaires, de 1985 à 1988, pour « relifter » le Lac Nord et ses berges.

Dans la foulée, la première tranche du projet a été commercialisée et s'est urbanisée peu à peu à partir de 1993. Situés sur les berges nord-est, les terrains de la seconde tranche ont été mis en vente à partir de 1998. Aux yeux des dirigeants, le succès de l'opération est écologique et commercial. Les politiques et les médias s'enflamment : Tunis va enfin cesser de tourner le dos à la lagune ! L'exemple devenant méthode, le Lac Sud, double du Lac Nord, a subi à son tour une cure de jeunesse.

La gestation du projet, conduit par la Société d'Études et de Promotion de Tunis-Sud (SEPTS), remonte à 1990. L'assainissement du Lac Sud a été réalisé à la faveur d'investissements européens entre 1998 et 2015.

Le quartier de la petite Sicile
et le port de Tunis

Il faut remonter au XIXᵉ siècle pour retracer la genèse du quartier de la petite Sicile, dans un pays encore indépendant, une dame de la bourgeoisie italienne, Carlotta née Gnecco, épouse d'Eugène Fasciotti, ancien préfet de Naples et sénateur de Rome, avait obtenu en guise de cadeau de la part de bey de Tunis, Sadok bey, des terrains situés au bord du Lac.

La dame s'est ensuite employée à étendre la superficie de son lot, en gagnant de la terre sur le Lac ; la

superficie s'est finalement élevée à quelques dizaines d'hectares et le prix de lot monta en flèche[15].
Les terrains furent ensuite loués à ceux ou celles qui voudraient s'y établir, et en l'espace de quelques années, des terres jadis vierges où ne poussaient que quelques plantes et herbes aquatiques virent des maisonnettes et des cabanes émerger de nulle part.
Les constructions légères allaient loger des émigrés issus de la péninsule italienne, que l'inauguration du port de Tunis en **1893** avait amenés à Tunis.
En **1897**, la famille Fasciotti céda une partie du terrain à l'État et les deux époux décédèrent quelque temps plus tard.
Ce fut donc aux autorités françaises et aux instances locales de gérer ces nouvelles bâtisses, en traçant des chemins, en viabilisant les rues et en installant des canalisations d'eau et de gaz naturel.
À partir de **1906**, le quartier jadis anarchique et disgracieux était devenu l'un des premiers quartiers français dans la ville de Tunis. Après son assainissement, les autorités ont entamé le lotissement du quartier, la lagune fut aménagée et préparée pour accueillir des ouvriers et des artisans.
Les limites du Lac furent repoussées, pour accueillir une nouvelle activité maritime. Deux types de bâtiments furent par la suite construits : des logements pour les ouvriers en premier lieu, généralement des immeubles avec un style Art déco et Art nouveau, des halles, des hangars pour le stockage et les dépôts de marchandises en provenance des navires.

---

[15] Selon Paul Sebag dans son œuvre « Tunis : l'histoire d'une ville », l'édition l'Harmattan, 2000

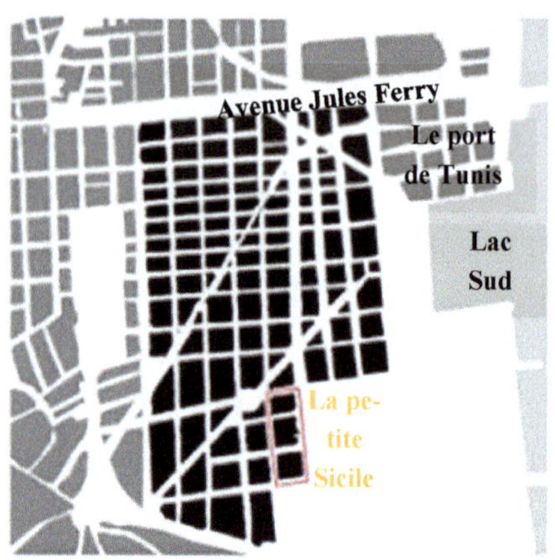

Figure 9 : La petite Sicile en 1930
Source : travail personnel

Le port fut aménagé et une gare de marchandises fut édifiée. Le quartier restera pendant longtemps une région fortement liée au port du Tunis.

La surface du quartier continuera à s'étendre durant les années qui suivent, jusqu'en **1956** de nouveaux lots y furent aménagés et son périmètre fut élargi pour qu'il atteigne au nord l'avenue Jules Ferry (l'actuelle avenue Habib Bourguiba), au sud la colline Sidi Belhhsan et à l'ouest l'actuelle gare de Tunis et ses voies ferrées.

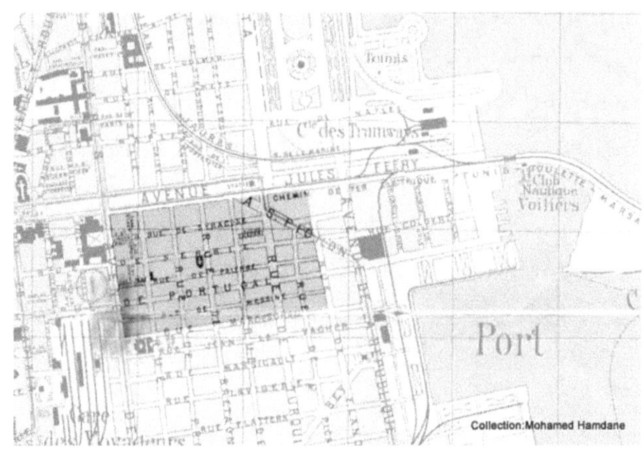

Figure 10 : Le plan de la petite Sicile en 1936
Source : www.google.com

Le territoire d'intervention

Notre échelle d'intervention s'étend sur les espaces abandonnés, autrement dit les friches, qui se localisent dans la partie sud de l'avenue Jules Ferry et le côté ouest de la ville, plus précisément dans le quartier de la petite Sicile.

Jadis, ces espaces furent édifiés pour une vocation soit industrielle, soit commerciale. Une première partie fut créée suite à l'avènement des ouvriers et des artisans de la péninsule italienne, une deuxième fut l'objet des docks pour les échanges navals au quai du port de Tunis, et une troisième, qui présente la plus grande partie créée après l'indépendance, sur des lots vierges situés au sud du quartier de la petite Sicile, dont le gouvernement profita de leur abondance pour y aménager plusieurs dépôts de marchandise et des édifices à caractère monofonctionnel[16].

Ces espaces sont aujourd'hui des friches, après la délocalisation du port de Tunis et l'émigration des autochtones de quartier de la petite Sicile, pour qu'elles deviennent délaissées et en état disgracieux et vétuste. (Voir fig. 31)

Figure 31 : Les friches avant l'abandon
Source : www.google.com

---

[16] Ramzi Hsin, *Restructuration du quartier Moncef bey*, ENAU Université de Carthage Tunis, 2010.

CHAPITRE 3

Analyse thématique de territoire d'étude

Introduction

À travers ce chapitre, nous analysons la situation de notre territoire d'étude.

Nous allons effectuer une lecture de cœur de la ville afin de brosser le portrait des multiples pratiques et fonctions et afin de mieux comprendre les différentes connexions entre le centre et son environnement immédiat.

1 – Présentation et caractéristiques du site

L'hypercentre de la ville de Tunis est évoqué comme étant déclencheur de la question problématique. Il fait partie de territoire du Grand Tunis et appartient administrativement au gouvernorat de Tunis. Comme nous avons déjà indiqué qu'il présente le centre typique et historique de la ville, il représente aussi le centre dynamique où se manifestent la culture, le commerce et les échanges politiques et sociaux.

Situation stratégique

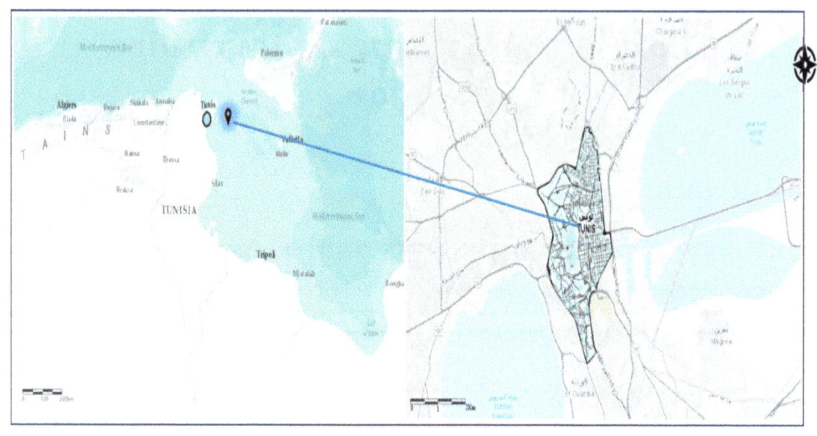

Carte 2 : Situation de contexte globale d'étude : Tunis
Source : esri arc Map

Notre territoire d'étude s'étale sur l'axe de l'avenue principale de la ville jusqu'à atteindre la gare de Tunis Marine, le lac sujet actuel d'aménagement urbain et l'axe perpendiculaire à l'avenue Moncef Bey.

Le périmètre est délimité :

– Au **Nord** par : la Médina

– Au **Sud** par : la Gare Tunis Marine qui relie le centre-ville au banlieue Nord

– À **l'Est** : le Lac

– À **l'Ouest** : le quartier petite Sicile.

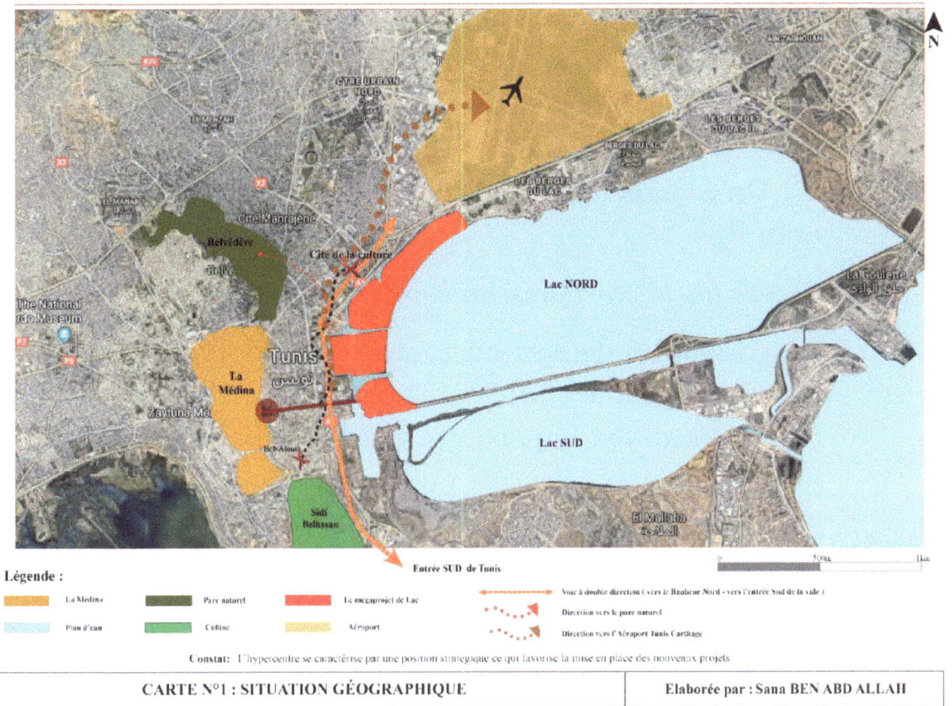

CARTE N°1 : SITUATION GÉOGRAPHIQUE	Elaborée par : Sana BEN ABD ALLAH

Carte 3 : Situation géographique de territoire d'étude

Caractéristiques socio-démographiques

Grâce à son caractère convivial, le centre-ville présente une dynamique sociale importante et il représente aussi une densité importante qui varie au niveau de Bab Bhar 3476 (hab./km^2)[17] avec une population qui a vécu une diminution de 38 250 à 36 210 habitants entre 2004 et 2014, ce qui explique le déplacement de la population vers les périphéries.

---

[17] Selon les recensements de l'INS en 2014.

Notons aussi que le nombre de logement au niveau de Bab Bhar est de 14 970 dont 94,98 % des appartements ou studios dans un immeuble.

2 – Un espace bien desservi sur toutes les échelles

Accessibilité par le réseau routier

La possibilité d'accès au centre-ville de Tunis est très distinguable et diversifiée, nous pouvons repérer trois canaux importants d'accès et qui sont les plus fréquentés : du côté ouest, nous avons l'autoroute A1 et la voie nationale R22 qui relie notre territoire d'étude avec la Banlieue Sud, et du côté sud, la voie express R23 reliant le centre avec la Banlieue Nord.

Ce réseau se caractérise par :

– La voie express R23 : elle est dressée en 2x1 avec un terre-plein central. Le trafic routier enregistré sur cette voie est de l'ordre de 40 001-60 000 véhicules/jour) ;

– La route nationale R22 : elle est dressée en 2x2 voies sans terre-plein central.

À l'intérieur de l'hypercentre, l'accès est assuré par des avenues et des ruelles :

– L'axe principal Habib Bourguiba qui présente le lien de desserte entre la médina et la ville européenne et il est le plus fréquenté ;

– Avenue de Paris qui assure la desserte à la place de la République ;

– Avenue de Carthage et des nations unies qui assurent l'accès au quartier de la petite Sicile ;

– Avenue Farhat Hached reliant le quartier de la petite Sicile avec le vieux port et la gare Tunis Marine.

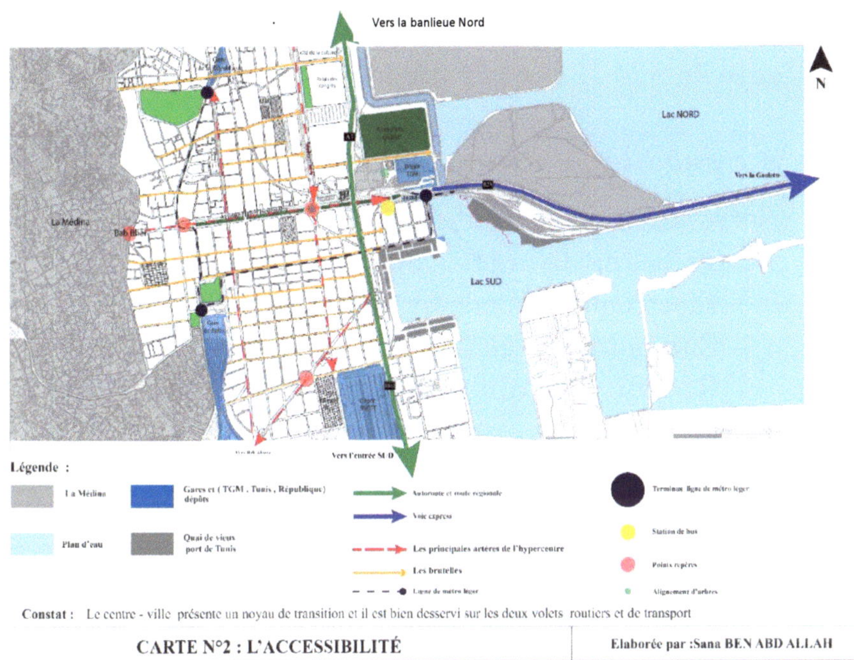

Carte 4 : L'accessibilité

Accessibilité par le transport en commun

L'accès au centre-ville se fait par différents moyens de transport en commun tels que :

– La ligne de TGM reliant le centre-ville avec la Marsa ;

– La ligne de métro léger 6 qui relie le centre-ville avec El Mourouj 6 ;

– La ligne de métro léger 3 (qui relie le centre-ville avec la cité Ibn Khaldoun) et la ligne d'auto-

bus qui relie le centre-ville avec les quartiers périphériques, les quartiers d'El Menzah, Ennaser, jardin d'El Menzah...
Le centre-ville de Tunis bénéficie aussi de la proximité de principales gares urbaines : gare de Tunis, gare de S.M.L.T et la gare de TRANSTU.

Accessibilité par le réseau divers

Notre territoire d'étude est raccordé par les différents réseaux divers tels que :
- Électricité (taux de branchement : 99,9%) ;
- Eau potable (taux de branchement : 100%) ;
- Réseau d'assainissement (taux de branchement : 95,2%) ;
- Télécommunication.

L'hypercentre profite aussi de la proximité d'un transformateur de STEG (poste-Tunis centre).

3 – Une prépondérance de l'immeuble polyfonctionnel et un patrimoine architectural dans un état de délabrement

À l'échelle urbaine et selon l'actuel Plan d'Aménagement Urbain, notre territoire d'étude présente une zone centrale avec une dominance de l'immeuble polyfonctionnel au niveau de l'avenue Habib Bourguiba et son entourage. Au niveau de la petite Sicile, une même prépondérance de l'immeuble polyfonctionnel avec une forte densité. (Voir annexe)
Le centre-ville est constitué de typologies d'habitat, celle de l'habitat collectif s'élevant sur divers niveaux allant de R+2 au R+14.

L'hypercentre, vu son importance historique, représente aujourd'hui un porteur de paysage urbain, qui révèle toutes les mutations que la ville a vécu au fil du temps. Notamment, nous retrouvons les différents styles architecturaux, nous avons les styles industriel et Art déco qui se manifestent principalement dans le quartier de la petite Sicile. Le style colonial, autrement dit récent, et l'institutionnel qui marque la période d'indépendance de notre pays, ce qui crée un contraste assez intense.

4 – Un espace à dominance tertiaire

Les équipements et les services représentent les composantes principales dans la composition globale de l'hypercentre de Tunis, et ils jouent un rôle important dans la dynamique de cet espace ainsi qu'ils représentent l'un des critères fondamentaux de la centralité.

Cette dernière se caractérise par un dédoublement puisqu'elle est répartie entre le noyau ancien et la ville neuve.

Nous constatons d'après les statistiques que l'hypercentre se caractérise par une concentration et une diversité des fonctions :

- **Les équipements socio-collectifs** : ils présentent une diversité et densité assez importantes au centre-ville et comptent au niveau de Bab Bhar[18].
- **Les équipements d'éducation** : nous avons entre enseignements de parc scolaire du 1er et 2e cycle environ 16 établissements, avec la présence de quelques enseignements professionnels et supérieurs.

---

[18] Selon les recensements l'Atlas du gouvernorat de Tunis de 2010.

– **Les équipements de santé** : pour l'infrastructure sanitaire publique, nous avons un seul hôpital Régional et C.H.U et un Centre de protection de la mère et de l'enfant, et pour le privé s'implantent 7 cliniques.

– **Les équipements sportifs et culturels** : concernant les équipements sportifs et culturels, l'hypercentre possède deux maisons culturelles, un parc sportif (parc Mounir Kbaili), deux bibliothèques, un théâtre municipal, une cathédrale, des cinémas et une cité de culture récemment inaugurée.

– **Les équipements administratifs et financiers** : nous avons les sièges des banques (UBCI, UIB etc.), les bureaux de poste, les compagnies d'assurances (siège de CNAM) avec la présence du ministère du Tourisme, le ministère de l'Intérieur et de Développement local, l'ambassade de France…

– **Les services** : le centre-ville bénéficie d'une concentration des services qui s'implantent principalement sur l'axe Habib Bourguiba ; nous avons les services de proximité (cabinets des médecins, bureaux des avocats…), ainsi que la présence du quartier de la petite Sicile qui regroupe les activités, les ateliers des activités polluantes et des unités d'hébergements tels que l'hôtel Africa et l'hôtel El Hana…

– **Les commerces** : les commerces présentent une diversité et une forte concentration au centre-ville de Tunis suite à la présence de boutiques de marques internationales et nationales qui s'implantent tout au long de l'axe principal, que nous trouvons aussi dans les grandes surfaces telles que Central Park et Palmarium.

5 – Des espaces naturels non entretenus et fermés

Entre urbain et naturel, notre territoire d'étude s'inscrit dans un paysage diversifié, sur le volet naturel ; le paysage se caractérise principalement par la coulée verte de l'avenue Habib Bourguiba qui révèle le caractère verdoyant de l'hypercentre, ce dernier est exposé à un plan d'eau (le Lac Nord et Sud) à l'extrémité. L'entourage de l'hypercentre se caractérise aussi par la présence du parc Belvédère qui représente une valeur naturelle et paysagère assez importante, les jardins tel que le jardin Habib Thameur, le jardin des droits de l'Homme, place Monji Bali et celle de Barcelone ; de plus, la colline Sidi Belhssan reflète un élément marquant dans la composition paysagère du centre.

Constat :

- La composition paysagère du centre ville est assez riche et elle assure son embellissement , mais nous constatons qu'il n'y a pas une véritable connexion entre les différentes entités et elles ne sont pas mise en valeur.

- La trame verte elle se trouve spécifiquement sur les artères principales du centre , ce qui exige la présence de deux perspectives seulement qui sont bien tracées .

CARTE N° 4 : LA TRAME VERTE	Elaborée par : Sana BEN ABD ALLAH

Carte 5 : Trame verte de l'hypercentre

6 – Les équipements et les éléments naturels structurants dans l'environnement immédiat

Les proximités de notre territoire d'étude présentent une importance économique et urbaine. Nous avons comme premier constat une densité urbaine et une forte couverture d'équipements socio-collectifs, ainsi que la présence de la cité de la culture et la proximité des équipements structurants tels que l'aéroport de Tunis Carthage.

Figure 11 : Cité de la culture
Source : www.google.com

De plus, la proximité de deux projets qui présentent un enjeu politique et sujet actuel d'aménagement :
– Le mégaprojet du Lac de Tunis ;
– L'entrée sud de Tunis.

Par rapport à la dimension environnementale et paysagère, nous avons principalement les deux entités paysagères : le parc de Belvédère et la colline de Sidi Bellhssan.

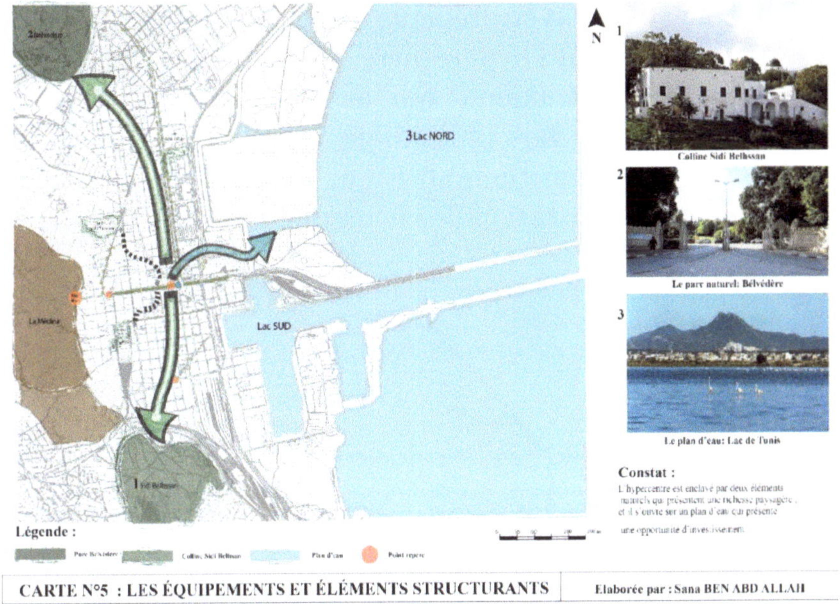

Carte 6 : Les équipements et éléments structurants

7 – Synthèse

À partir de l'analyse distinctive de notre territoire d'étude, nous pouvons déduire :

1. La présence d'une triangulation d'accessibilité vu l'existence des plus importantes gares de la ville de Tunis :

– Gare de Tunis ;

– Gare de Tunis Marine ;

– Gare de la République.

2. Notre territoire d'étude représente une deuxième triangulation paysagère qui se manifeste par la présence des trois éléments naturels : le parc de Belvédère, la colline de Sidi Bellhssan et le lac.

3. Une situation stratégique vu l'existence des deux axes qui relient l'hypercentre à la mer et son waterfront, et le deuxième qui assure la desserte de l'entrée sud et vers la Banlieue Nord.

4. Une poly-fonctionnalité qui se caractérise par une surconcentration des fonctions tertiaires.

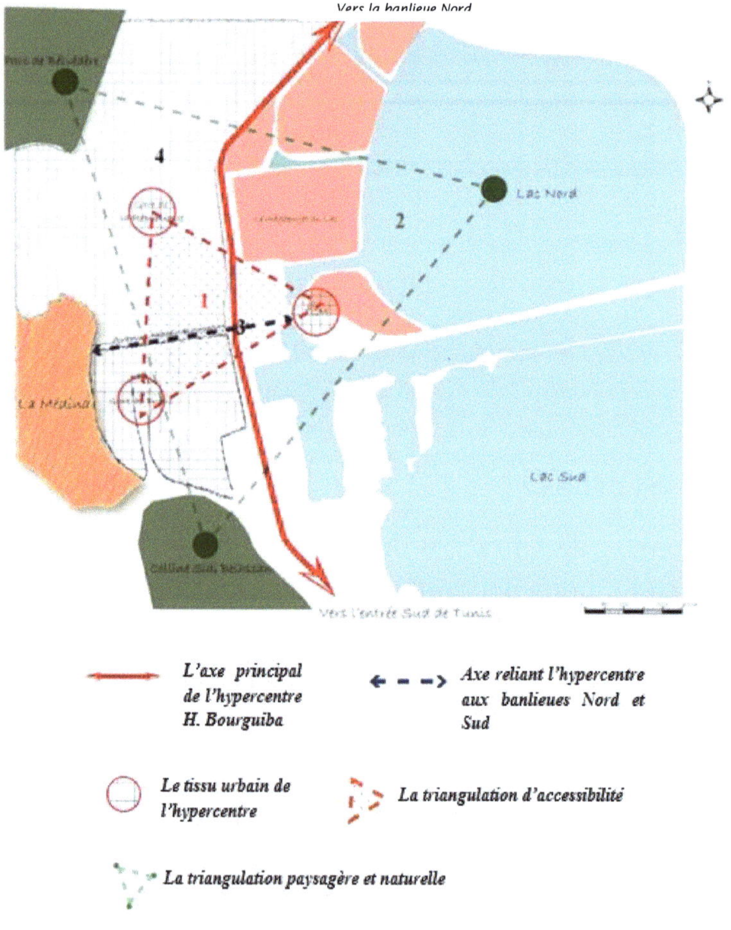

Carte 7 : Synthèse de l'analyse du territoire d'étude

CHAPITRE 4

Analyse du territoire d'intervention

Introduction

Nous nous intéressons dans ce chapitre à une analyse approfondie de notre territoire d'intervention, qui se répartit sur trois leviers : une identification des friches, une concertation par observation et une analyse séquentielle afin de mieux comprendre l'insertion des friches dans leur environnement.

1 – Présentation et caractéristiques de territoire d'intervention

Notre territoire d'intervention est réparti sur trois parcelles séparées, qui s'étalent sur une superficie totale de 16 000 m² ; la première friche est au niveau de la Gare Tunis Marine, la deuxième dans la partie ouest du centre au niveau du quartier de la petite Sicile, plus précisément sur la voie des Nations Unies, et la troisième à la limite du quartier près de souk Moncef Bey.

Cette délimitation est faite suivant un choix précis, dans le but de créer une ligne de vie entre différents espaces abandonnés de l'hypercentre et qui tendent à recoudre et retisser des liens entre les différentes composantes urbaines de sein de la ville.

Position stratégique

Les friches que nous avons choisies se caractérisent par une position stratégique. En effet, elles s'ouvrent sur les axes principaux de l'hypercentre tels que l'autoroute **A1** et l'artère principale du centre, l'avenue Habib Bourguiba, ce qui favorise leur accessibilité et la proximité des principaux équipements structurants environnants. (Voir carte n°9)

Carte 8 : Situation stratégique des friches

Typologies

Les trois friches que nous avons choisies représentent des espaces bâtis antérieurement utilisés en tant que dépôts de stockage, autrement dit des docks de divers produits tels que le bois, le vin, les produits alimentaires. (Voir carte n°10)

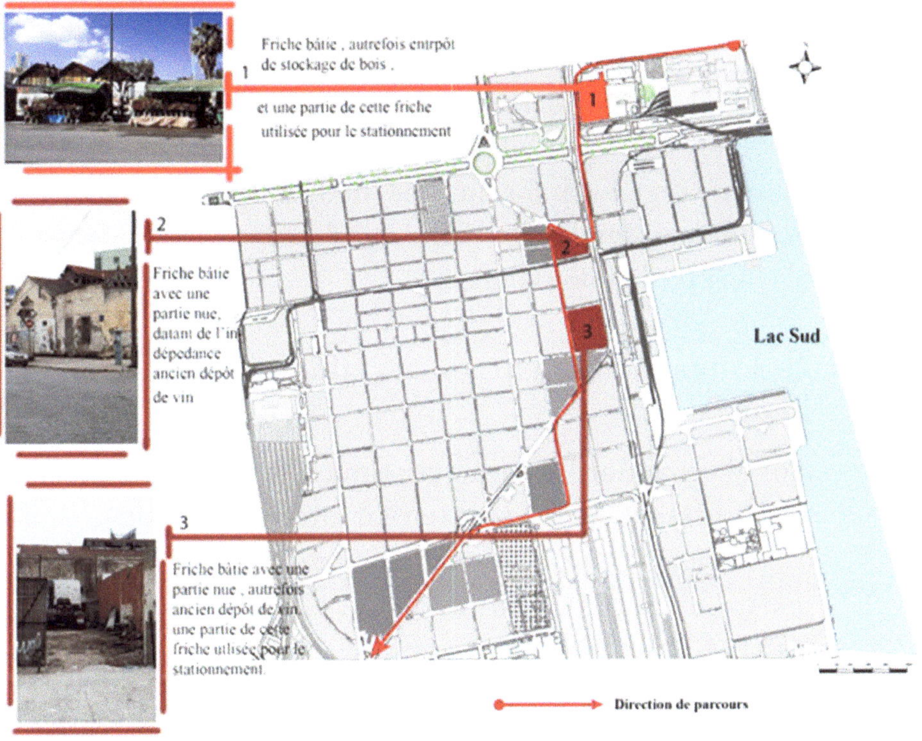

Carte 9 : Carte des typologies des friches
de territoire d'intervention

Structure foncière

Après l'enquête réalisée auprès des citoyens, et plus précisément des résidents qui sont témoins des changements que le centre de la ville a vécus, nous avons eu comme information que la majorité des espaces abandonnés qui se trouvent dans notre territoire d'étude et plus précisément les espaces que nous avons choisis pour l'intervention sont des propriétés des anciens résidents italiens. Autrefois, ils ont utilisé ces espaces comme entrepôts pour stocker différents produits de fait des échanges maritimes réalisés avant dans le vieux port de Tunis et dès la délocalisation du port de Tunis.

Ils ont choisi de partir et laisser ces espaces sous le contrôle et l'utilisation de l'État Tunisien.

Pour vérifier ces informations, nous avons contacté la municipalité de la ville de Tunis, mais nous n'avons pas eu de réponse.

2 – Concertation par observation : état des lieux

Afin d'identifier les caractéristiques et les spécificités directes de notre territoire d'intervention, nous avons opté pour l'observation, qui va nous permettre de décrire l'état actuel des friches et leurs typologies d'affectation.

État de bâti

Vu la limite des projets de rénovation et de réhabilitation au centre-ville et surtout dans le quartier de la petite Sicile, un grand nombre de bâtiments sont en ruine et en délabrement et ne peuvent abriter aucune activité, avec une moitié qui appartient au périmètre d'étude et qui est également en état critique et risque de s'effondrer, et rien n'est fait pour les sauver. (Voir carte n°11)

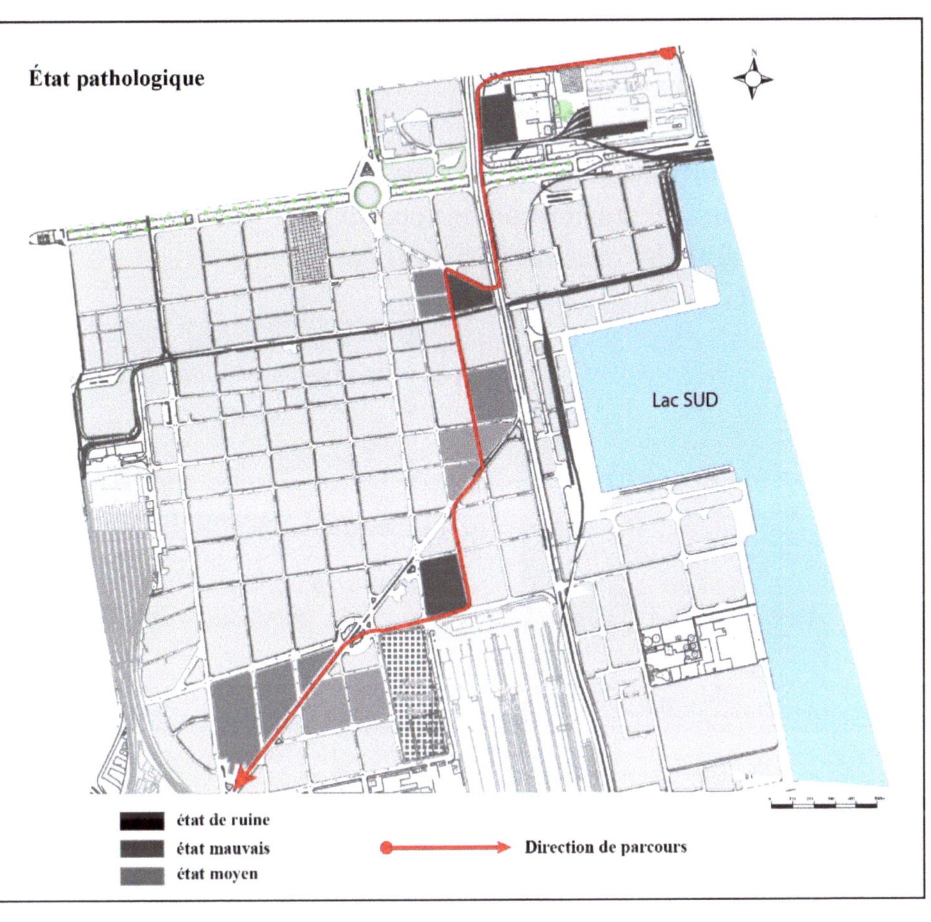

Carte 10 : Carte d'état pathologique du cadre bâti

L'affectation des friches

Afin de distinguer les modes d'appropriation des friches de notre territoire d'intervention, nous avons opté pour diviser l'affectation des friches en fonction du temps sur trois parties :

L'avant friche

C'est un temps entre deux durant lequel la friche ne fait l'objet d'aucune réappropriation.

Cette situation facilite leur utilisation en tant qu'exutoire, stationnement clandestin et les squats. (Voir fig. élaboration personnelle)

Figure 13 : Ancien dépôt de vin à la petite Sicile

Figure 12 : Ancien dépôt de vin à l'avenue des Nations Unies

Figure 14 : Ancien dépôt de bois à Tunis Marine

Les friches en temps de veille

Durant lequel la friche est sujette à des réappropriations éphémères ou pérennes ; citons pour exemple : ateliers des tourneurs, menuiseries, supérettes, etc.

*Figure 16 : Friche réutilisée
en superette*

*Figure 15 : Friche réutilisée
en librairie*

*Figure 17 : Friche réutilisée en
atelier de mécanicien*

3 – Perception de territoire d'intervention à partir de l'analyse séquentielle

Pour une analyse approfondie au niveau de la perception, nous avons opté pour l'analyse séquentielle qui va nous permettre de percevoir notre territoire d'intervention d'une manière longitudinale. Nous avons choisi trois séquences où se localisent les trois friches qui présentent l'objet d'intervention dans le but de comprendre leur cadre spatial. (Voir cartes 12,13,14,15 et fig. élaboration personnelle)

Carte 11 : Plan des séquences choisies

Carte 12 : Plan de la première séquence

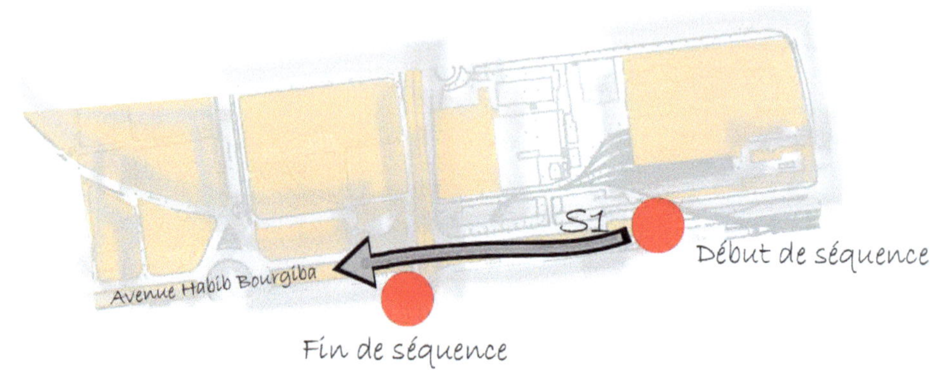

Figure 18 : Montage photo de la première séquence

La séquence est limitée latéralement par deux parois végétalisées qui construisent une certaine symétrie, ce qui cerne le champ visuel vers un seul point qui converge vers l'horloge qui présente un point de repère.

À noter toutefois qu'elle mène vers l'autre partie de l'avenue et à l'extrémité le noyau ancien, la médina.

2ᵉ séquence : Avenue des Nations Unies

Notre deuxième séquence est un parcours plus ou moins dégagé, qui se compose d'une avenue et de trottoirs larges.

Cette voie est utilisée principalement par les véhicules en provenance de l'autoroute et de la banlieue sud.

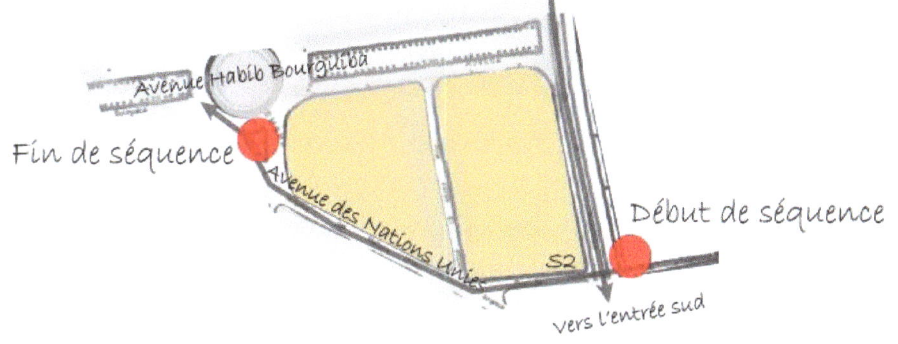

Carte 13 : Plan de la deuxième séquence

Figure 19 : Montage photo de la deuxième séquence

Le champ visuel est cerné par la hauteur des immeubles, avec une ouverture assurée par la présence des éléments végétaux.

La présence de la friche a influencé la symbiose de parcours.

À noter que notre séquence s'ouvre à l'extrémité sur l'avenue Habib Bourguiba, ce qui donne un effet de liberté.

3ᵉ séquence : Rue Farès Elkhouri

La séquence est serrée et étroite par rapport aux deux dernières séquences.

Le parcours est comme rétréci par le stationnement de part et d'autre des véhicules et les ateliers des mécaniciens qui s'implantent tout au long de la voie.

Notons l'absence d'éléments transcendants et remarquables, ce qui présente un véritable problème aux passagers étrangers qui se réfèrent aux personnes présentes pour s'orienter.

Le champ visuel est cadré par l'alignement des docks qui se caractérisent par une uniformité du style architectural.

La perspective se limite au fond par la Colline inaccessible et lointaine, faisant de cette rue un parcours sans aboutissement.

Figure 20 : Montage photo de la troisième séquence

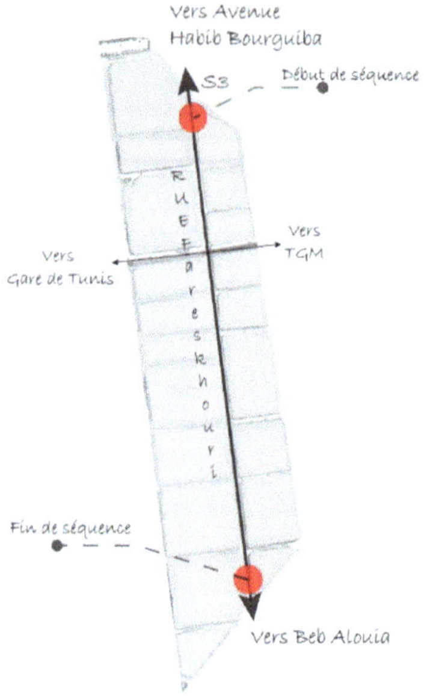

Carte 14 : Plan de la troisième séquence

CHAPITRE 5

Les ateliers participatifs

Introduction

À travers ce chapitre nous allons présenter le processus du travail sur terrain par enquête, travail collégial entre urbanistes, architectes, techniciens et enseignants pour pouvoir comprendre les friches à la fois comme composante urbaine dans leur environnement et une œuvre architecturale.

1 – Les ateliers participatifs

Afin de répondre au mieux à notre problématique de revitalisation de l'hypercentre par la reconquête de ces friches, nous avons opté pour l'approche participative qui se manifeste en trois types d'ateliers : le premier public, le deuxième auprès des étudiants d'urbanisme et d'architecture, et le troisième avec les enseignants de formations diverses.

Sur terrain : groupe des citoyens

Le travail sur terrain présente une partie importante dans l'avancement de notre analyse. Nous sommes orientés vers l'enquête équipés de papiers pour les réponses, d'une carte de localisation et de stylos. Nous sommes partis à la rencontre des citoyens du territoire d'étude qui varient entre résidents, usagers et passagers.

Le travail de l'enquête s'est déroulé durant 15 jours et sur différentes journées de la semaine.

Notre travail a été suspendu plusieurs fois à cause des changements climatiques.

Nous avons réalisé le questionnaire avec les citoyens dans différentes parties : la première a été tout au long de l'axe principal Habib Bourguiba, la deuxième partie au niveau de l'axe perpendiculaire Mohamed V, et la troisième au niveau du quartier de la petite Sicile, tout en utilisant un vocabulaire facile à comprendre par les citoyens, et nous avons atteint l'objectif de 100 observations.

Pour avoir une analyse des réponses bien précise, nous avons utilisé le logiciel **SPSS**, qui signifie « **S**tatistical **P**ackage for the **S**ocial **S**ciences ».

Dans notre cas, nous allons analyser les réponses au questionnaire par rapport aux questions. (Voir annexes)

Interprétations des résultats de l'enquête par questionnaire

– Thème 1 : Les dysfonctionnements du centre-ville

Dans un premier lieu, nous avons eu une majorité de passagers au niveau de statut d'occupation des enquêtés, et suite à l'analyse statistique réalisée par l'SPSS, nous pouvons déduire, d'après le graphique suivant, que les problèmes les plus cités par les citoyens sont la circulation par 67% et le stationnement par 19% de la totalité des réponses. (Voir graphique n°1 et 2)

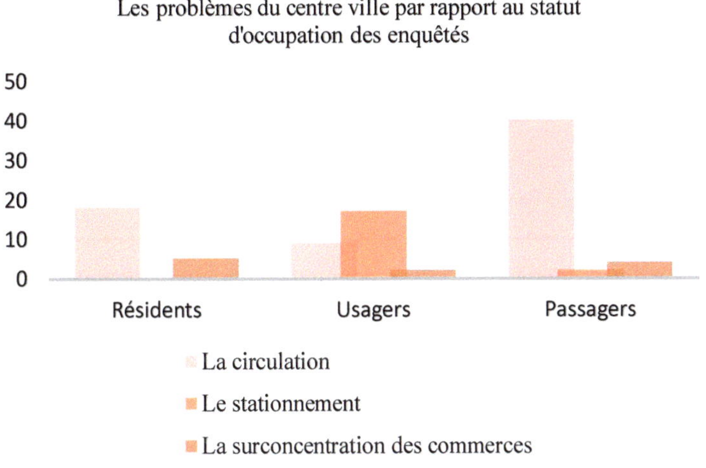

*Graphique 1 : Les problèmes au centre-ville par rapport
aux citoyens de différents statut d'occupation*

Par rapport aux fonctions qui manquent au centre-ville, les statistiques révèlent le véritable besoin des citoyens en espaces verts, par 44%, et le suivant 29% pour les espaces d'activités diverses.

les réponses des enquêtés

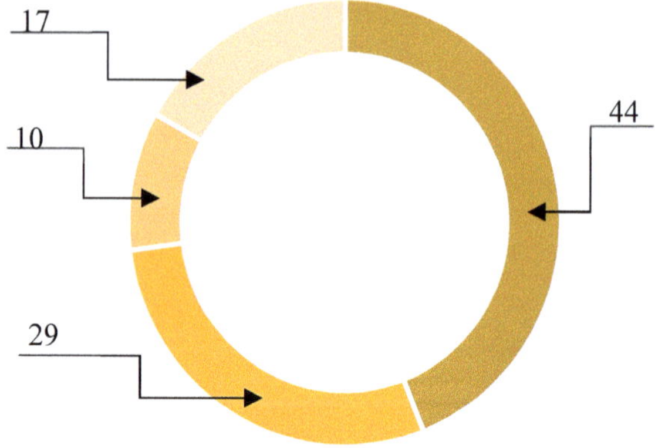

Graphique 2 : Les fonctions qui manquent au centre-ville

– *Thème 2 : Les friches urbaines*
Au niveau de ce thème, nous avons constaté d'après les résultats que les réponses sur la question « avez-vous une idée sur les friches urbaines » dépend du niveau d'instruction des citoyens. (Voir Tab n°1 et graphique n°3)

<table>
<tr><td colspan="5">Tableau croisé niveau d'instruction des enquêtés « Avez-vous une idée sur les friches urbaines ? »</td></tr>
<tr><td colspan="5">Effectif : 100</td></tr>
<tr><td colspan="2" rowspan="2"></td><td colspan="2">Avez-vous une idée sur les friches urbaines ?</td><td rowspan="2">Total</td></tr>
<tr><td>Oui</td><td>Non</td></tr>
<tr><td rowspan="4">Niveau d'instruction des enquêtés</td><td>Analpha-bète</td><td>0</td><td>6</td><td>6</td></tr>
<tr><td>Primaire</td><td>0</td><td>23</td><td>23</td></tr>
<tr><td>Secondaire</td><td>17</td><td>11</td><td>28</td></tr>
<tr><td>Supérieur</td><td>30</td><td>13</td><td>43</td></tr>
<tr><td colspan="2">Total</td><td>47</td><td>53</td><td>100</td></tr>
</table>

Tableau 1 : tableau croisé niveau d'instruction des enquêtés : Avez-vous une idée sur les friches urbaines ?

Pour les citoyens qui ont répondu par oui sur leur connaissance des friches urbaines et suivant leur mémoire visuelle, les friches localisées au centre-ville représentent des espaces d'identité par 35% de la totalité des réponses.

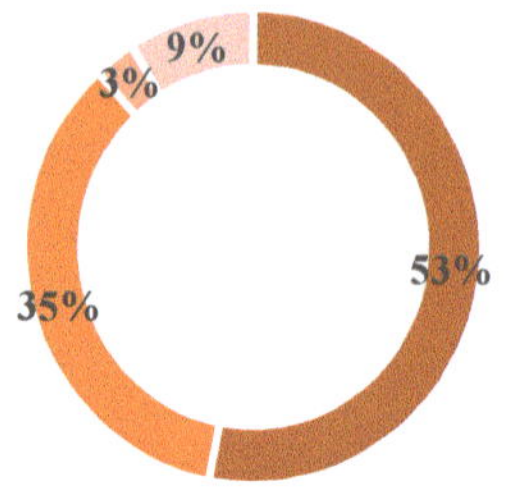

Graphique 3 : Les ré-
sultats des réponses
citoyens sur la quest
n°4 du questionna
public

– Thème 3 : Les suggestions des citoyens pour les
nouvelles fonctions des friches

L'enquête révèle pour le thème des suggestions des citoyens enquêtés que la proposition qui a été choisie par la majorité (19%) pour l'espace familial de la totalité des réponses, et le suivant a été privilégié par 12 % pour d'autres propositions qui ont été fructueuses pour la suite et plus précisément pour notre partie conceptuelle. (Voir graphique n°4)

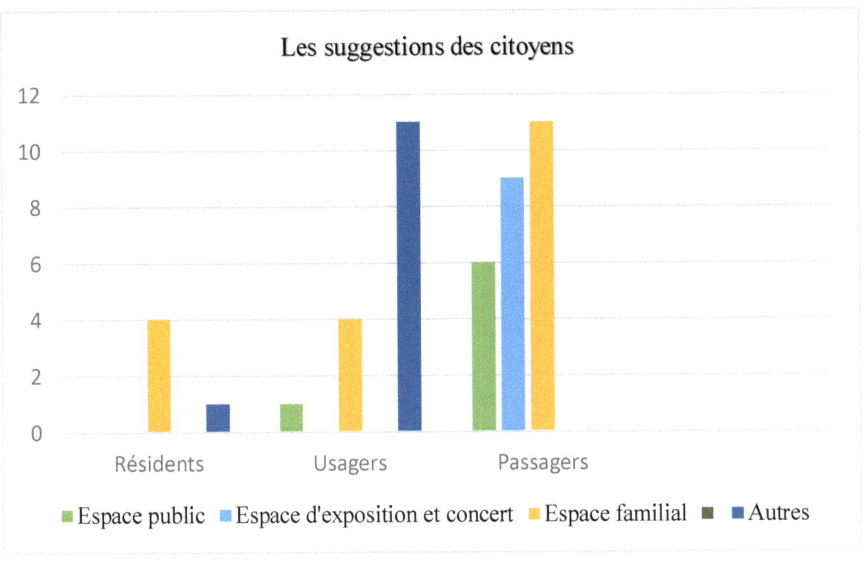

Graphique 4 : Les suggestions des citoyens selon les résultats des statistiques de l'SPSS

Enquête à l'université

L'atelier participatif a pris une part importante dans notre démarche, nous avons effectué un second atelier nommé technique qui se déroule dans un premier volet avec les étudiants d'urbanisme et d'architecture de niveaux différents, et dans un deuxième volet avec les enseignants.

Groupe des étudiants

Le questionnaire a été réalisé au sein de notre institut ISTEUB et au sein de l'école d'architecture l'ENAU avec des étudiants de différents niveaux, le travail nous a pris deux journées entières.

Les réponses au questionnaire avec les étudiants

– Thème 1 : Les dysfonctionnements du centre-ville
Pour les deux premières questions, nous avons opté pour la localisation des réponses sur une carte en utilisant les « post-it » afin de donner la possibilité aux étudiants de s'orienter par rapport à notre territoire d'étude. (Voir carte n°8)

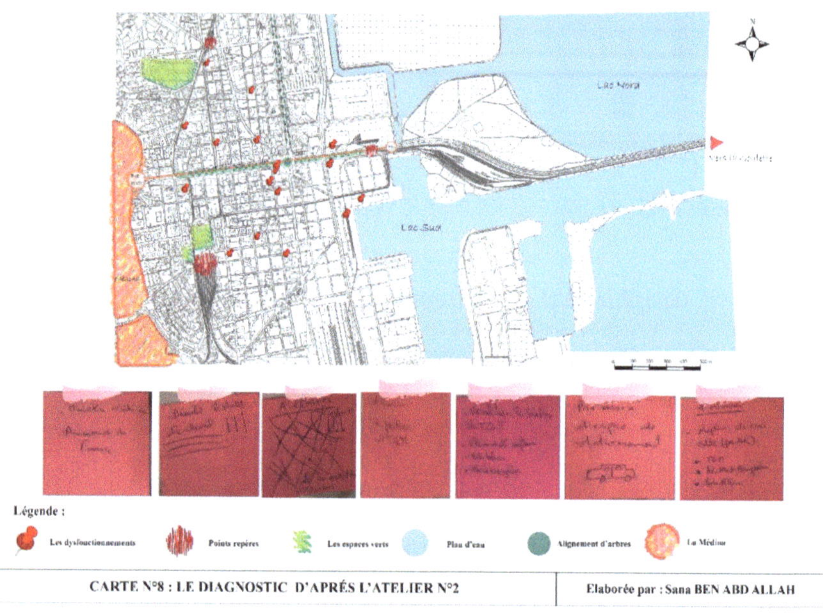

Carte 15 : Les dysfonctionnements de centre-ville cités par les étudiants

D'après les avis estudiantins, nous pouvons constater que la majorité des dysfonctionnements énoncés sur la carte sont la fragmentation et l'incohérence entre la première partie de l'avenue Habib Bourguiba et son extrémité et la présence des espaces délaissés et en déshérence.

– Thème 2 : Les friches urbaines
Au niveau de connaissance des friches urbaines par les étudiants de filières et niveaux différents, l'enquête énonce qu'un pourcentage assez important par 52% de la totalité des réponses ne connaissent pas les friches urbaines, et corrélativement, ces espaces restent encore méconnus. (Voir graphique n°5 et 6)

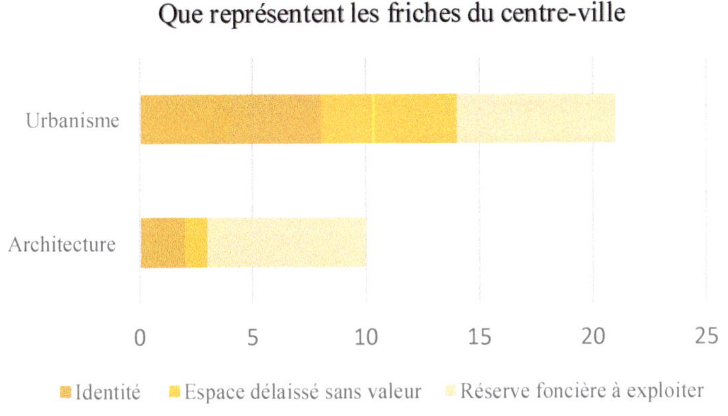

Graphique 5 : Les choix d'interventions pour les friches urbaines selon les étudiants

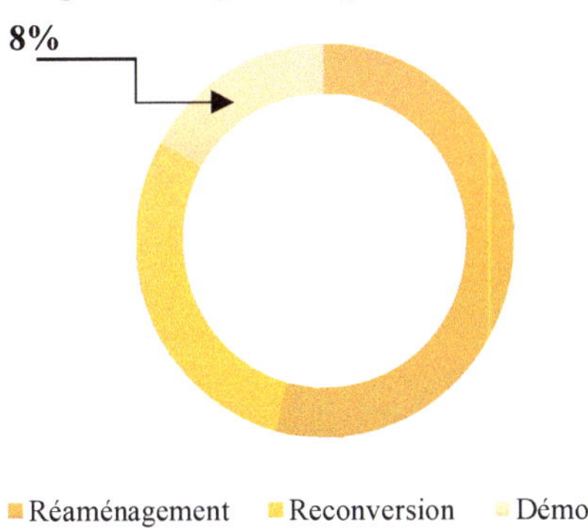

Graphique 6 : Représentation mentale des friches urbaines selon le domaine d'étude

– Thème 3 : Les suggestions des étudiants

Pour ce thème, nous avons opté pour deux méthodes : la première par une question avec des propositions au niveau du questionnaire, et la deuxième par la localisation des propositions sur une carte pour l'ensemble de contexte d'étude.

Les statistiques nous montrent que 22% des suggestions des urbanistes et architectes ont été pour un espace d'exposition et concert comme fonction à introduire dans les friches, et le pourcentage qui suit a été pour l'espace public par 12%, ce qui évoque l'aspect fonctionnel dans les choix des réponses. (Voir graphique n°7)

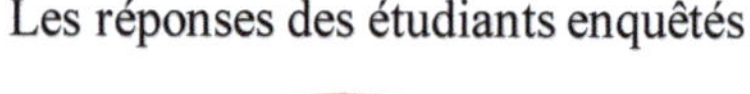

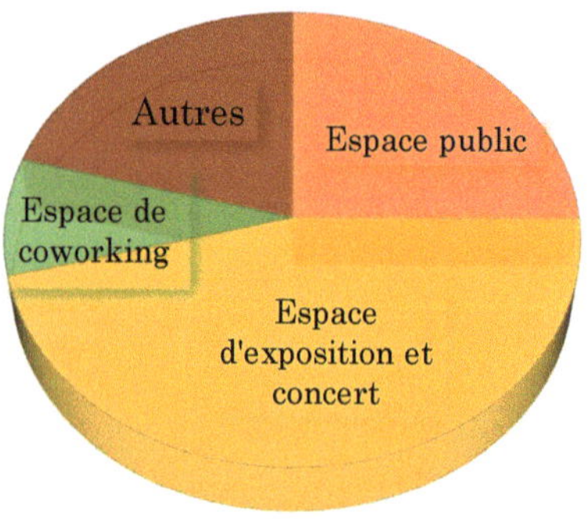

Graphique 7 : Les fonctions choisis par les étudiants

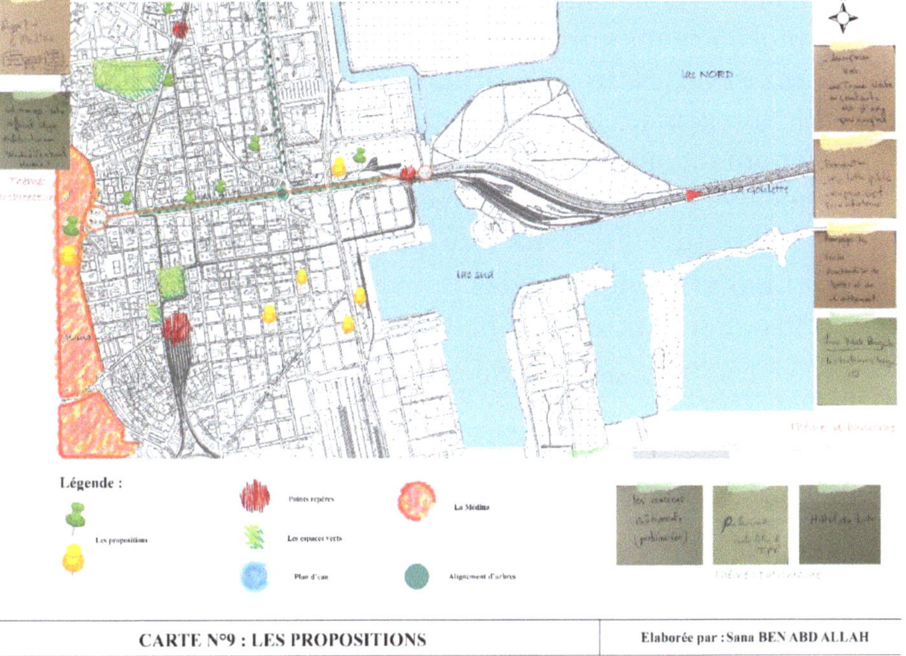

CARTE N°9 : LES PROPOSITIONS	Elaborée par : Sana BEN ABD ALLAH

Carte 16 : La spatialisation des propositions des étudiants

Les paroles estudiantines évoquent différentes propositions sur divers aspects et échelles, aussi qu'ils mettent l'accent sur l'importance de la préservation et la mise en valeur des éléments architecturaux et identitaires de l'hypercentre.

Groupe des enseignants

L'enquête que nous avons réalisée auprès des enseignants a été sous forme d'entretiens semi-directifs qui ont duré 10 à 15 minutes, dans le but général de connaître et d'avoir des perceptions et avis différents par rapport aux friches. Au total, nous avons mené six entretiens tout en utilisant l'enregistrement vocal pour ne rien rater tout au long du discours. Nous avons choisi une taille d'échantillon restreinte puisque nous aurons une quantité d'informations assez riche. Notre échantillon se caractérise par une hétérogénéité passant par différents profils d'enseignants pour une variété de réponses et une valeur ajoutée au niveau des perceptions.

L'entretien est constitué de deux questions centrales et fondamentales :

Première question : Quelle est votre perception des friches urbaines en général et de celles qui se trouvent à l'hypercentre de Tunis ?

Deuxième question : Comme prospection, qu'est-ce que vous proposez comme fonctions à introduire dans ces espaces actuellement en état de délabrement ? *(Voir annexes)*

Nous avons choisi de reproduire les réponses sur des cartes schématiques.

Les friches se caractérisent
par une position stratégique

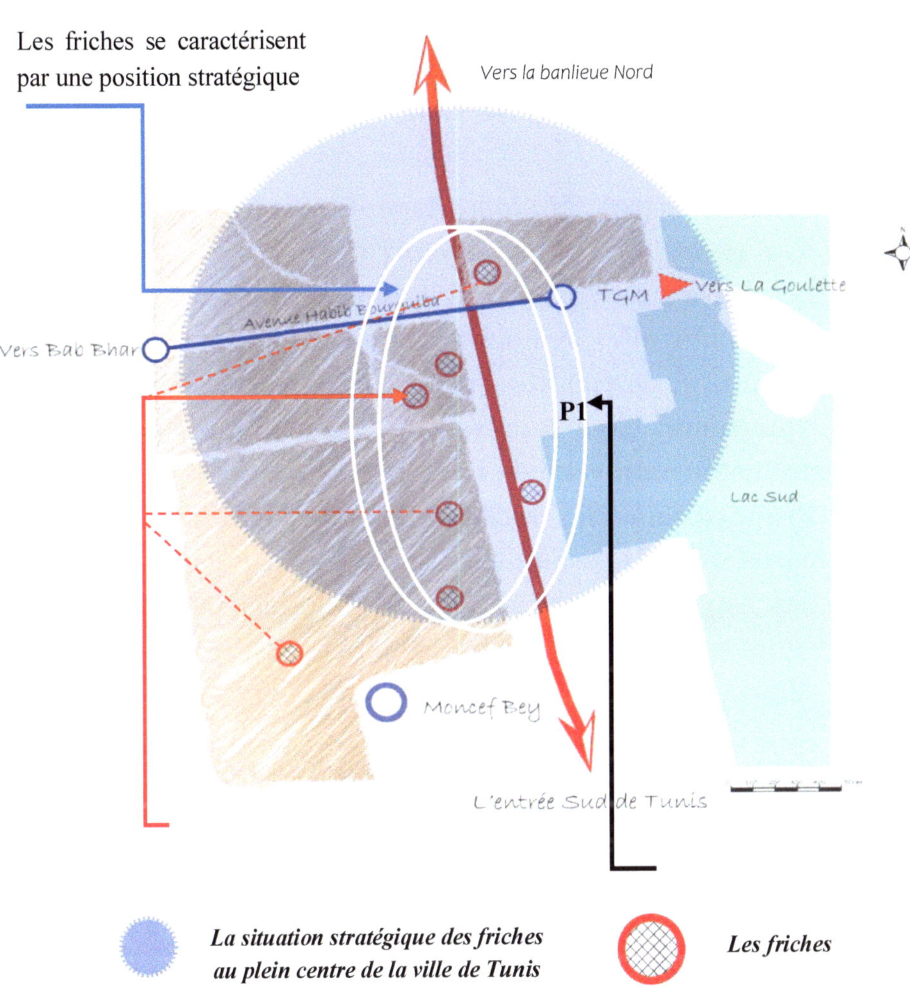

Carte 17 : Schéma des réponses de l'entretien
avec madame Hazar Souissi

– *1ᵉʳ entretien : Madame Hazar Souissi, architecte
avec doctorat en patrimoine*
Elles représentent une opportunité foncière, mais
ces friches présentent des difficultés au niveau de
la propriété, ce qui entrave l'intervention.

Propositions : s'inspirer de la fonction antérieure dans le but de garder la mémoire visuelle des citoyens par rapport à ces espaces.

– 2ᵉ entretien : Madame Asma Guedria, architecte avec doctorat en architecture

Les friches de l'hypercentre représentent un héritage, mais elles symbolisent aujourd'hui des trous urbains et des points d'insécurité ouverts pour les squatteurs, elles représentent aussi un véritable problème au niveau de la gestion.

Propositions : les reconvertir ou requalifier ; en parcs urbains, espaces de sociabilité, et consacrer des espaces pour les activités des sociétés civils équipés par des mobiliers urbains et des parcours, sans défigurer le paysage urbain de l'hypercentre et sans choquer les usagers.

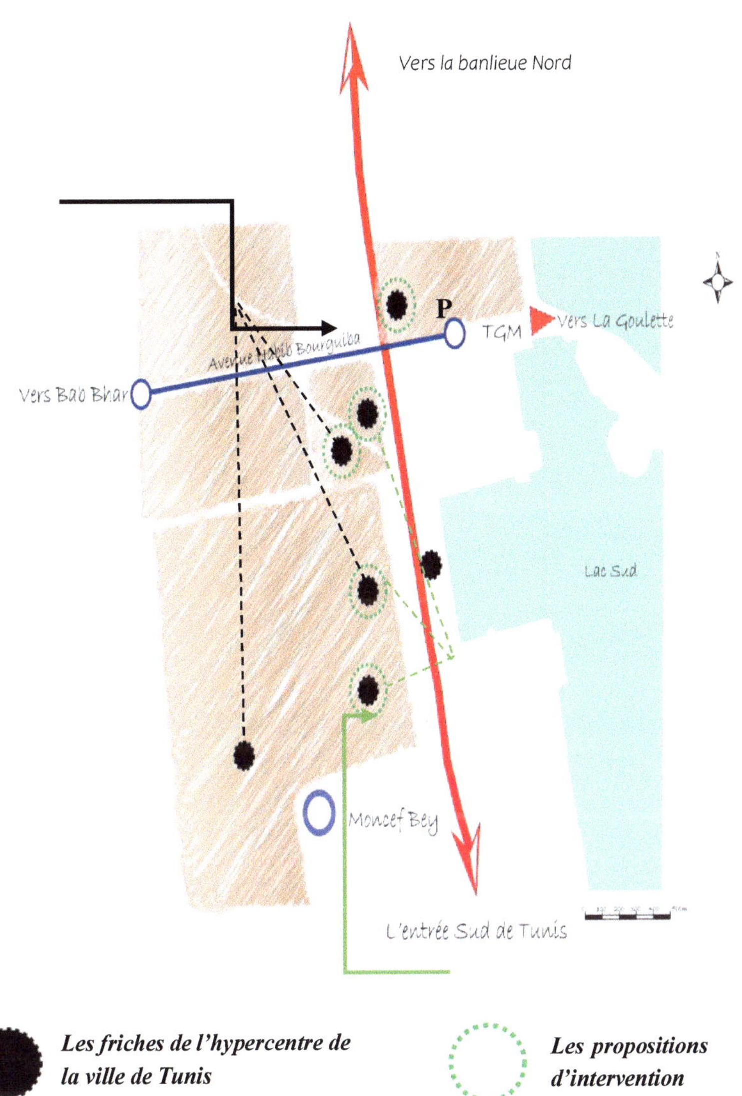

Carte 18 : Schéma des réponses de l'entretien
avec Madame Asma Guedria

Les friches représentent une opportunité foncière mais elles sont encore en marge vu la limite des instruments qui gère le foncier et qui maîtrise le réinvestissement de la ville.

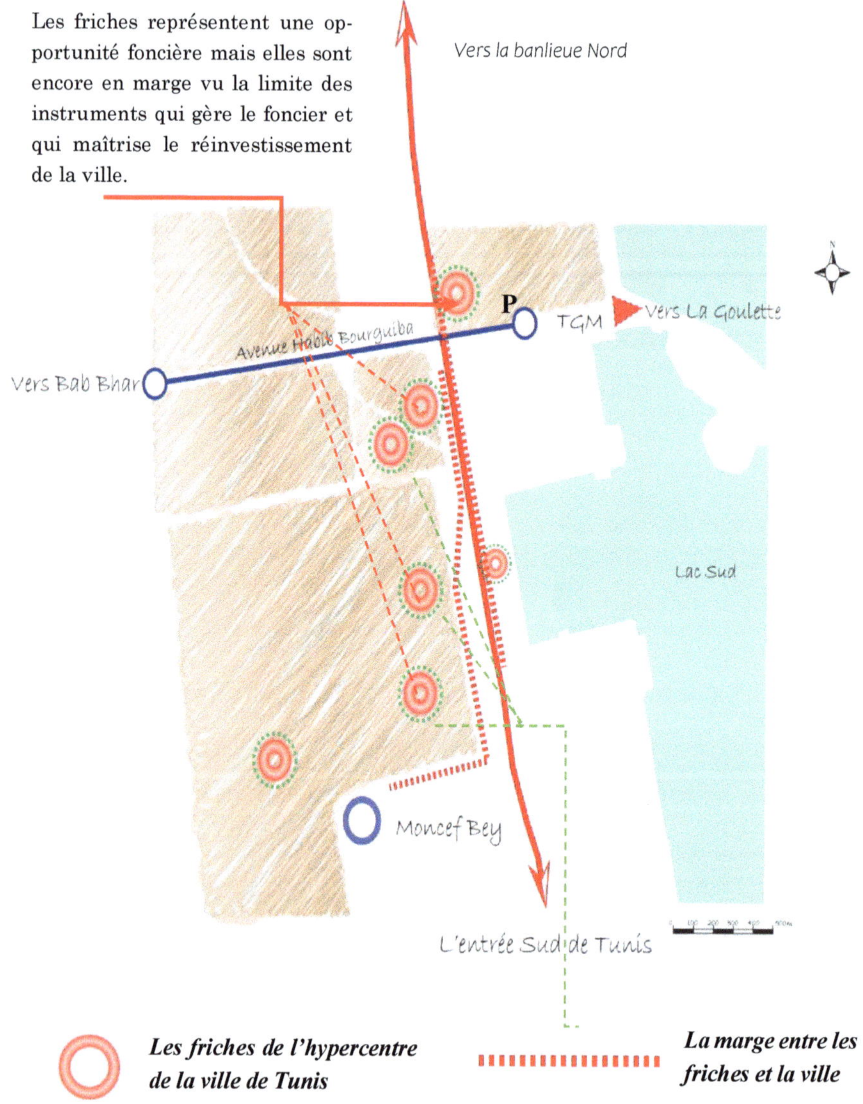

Carte 19 : Schéma des réponses de l'entretien avec Monsieur Yassine Turki

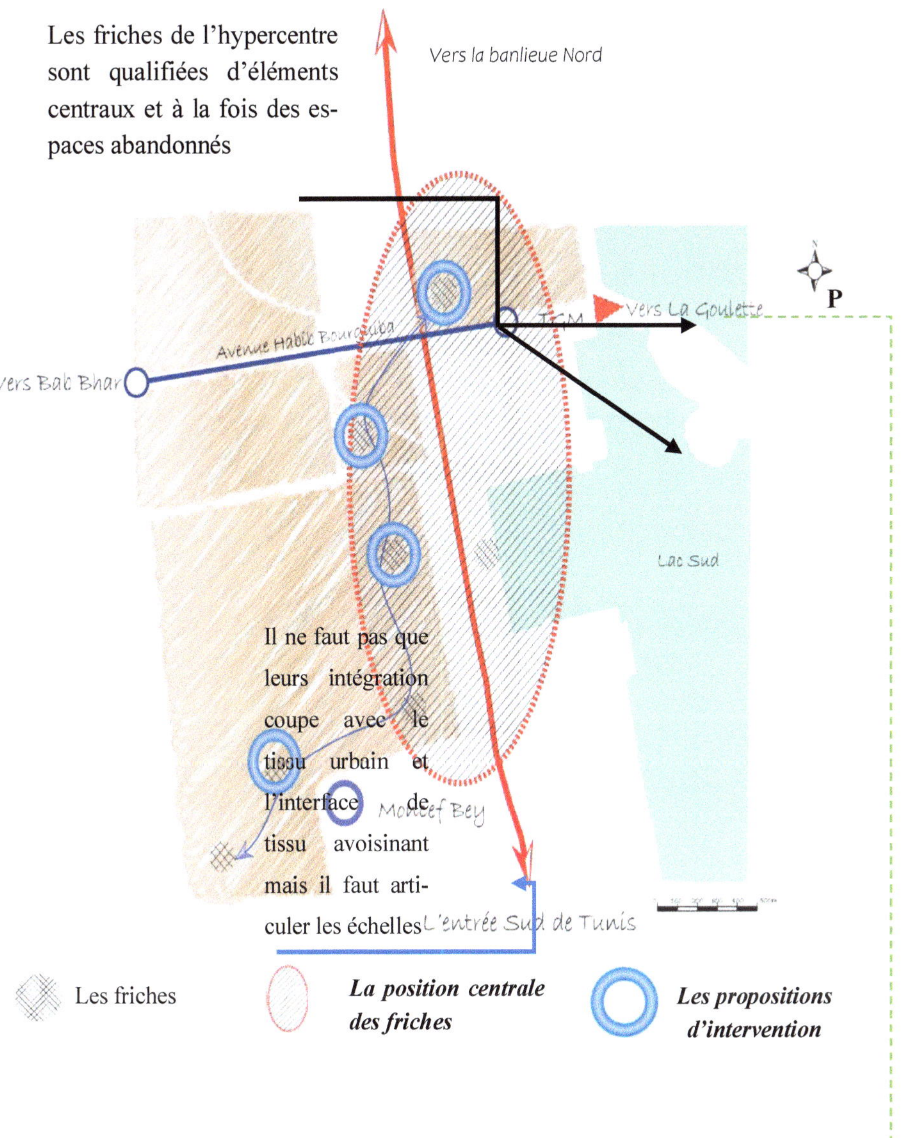

Carte 20 : Schéma des réponses de l'entretien avec Monsieur Hatem Kahloun

Propositions : injecter des fonctions qui répondent à la spécificité de l'espace et qui assurent la continuité, tels que : fonctions des tertiaires ludiques, les Hubs en rapport avec les services des banques.

– 5ᵉ entretien : Madame Najoua Tobji, architecte avec doctorat en patrimoine et enseignante à l'école nationale d'architecture et d'urbanisme ENAU

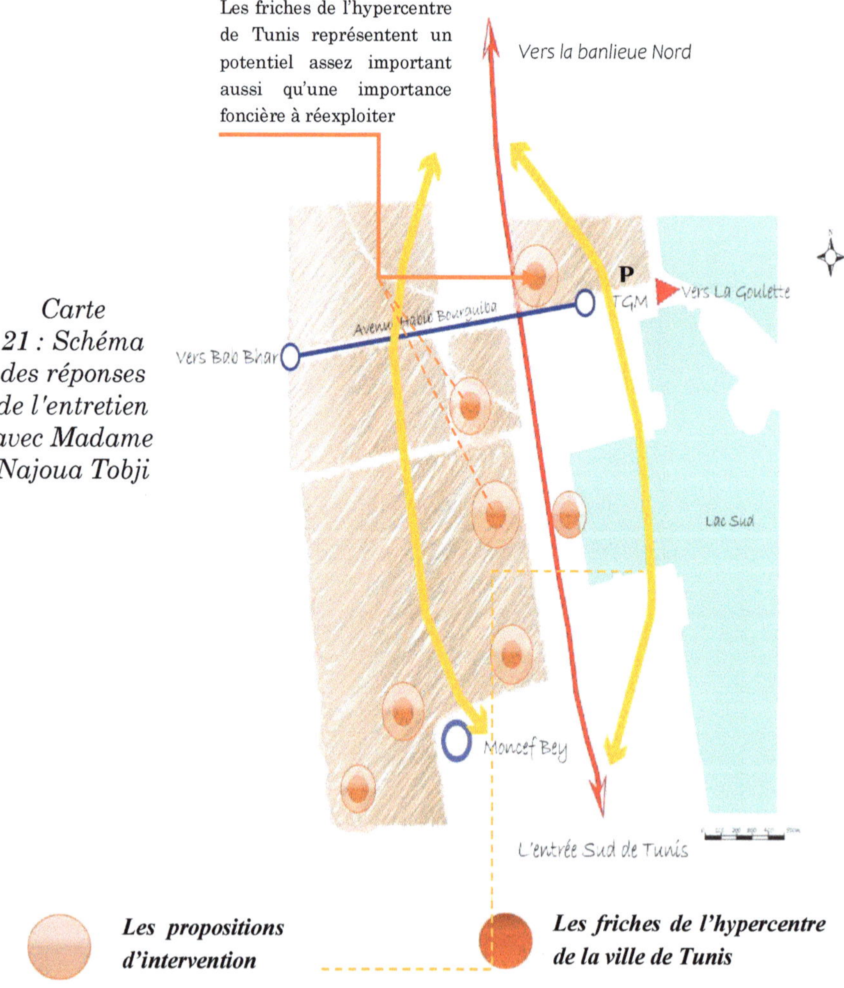

Carte 21 : Schéma des réponses de l'entretien avec Madame Najoua Tobji

– 6ᵉ *entretien : Monsieur Ahmed Khlifi, archi-*
tecte urbaniste

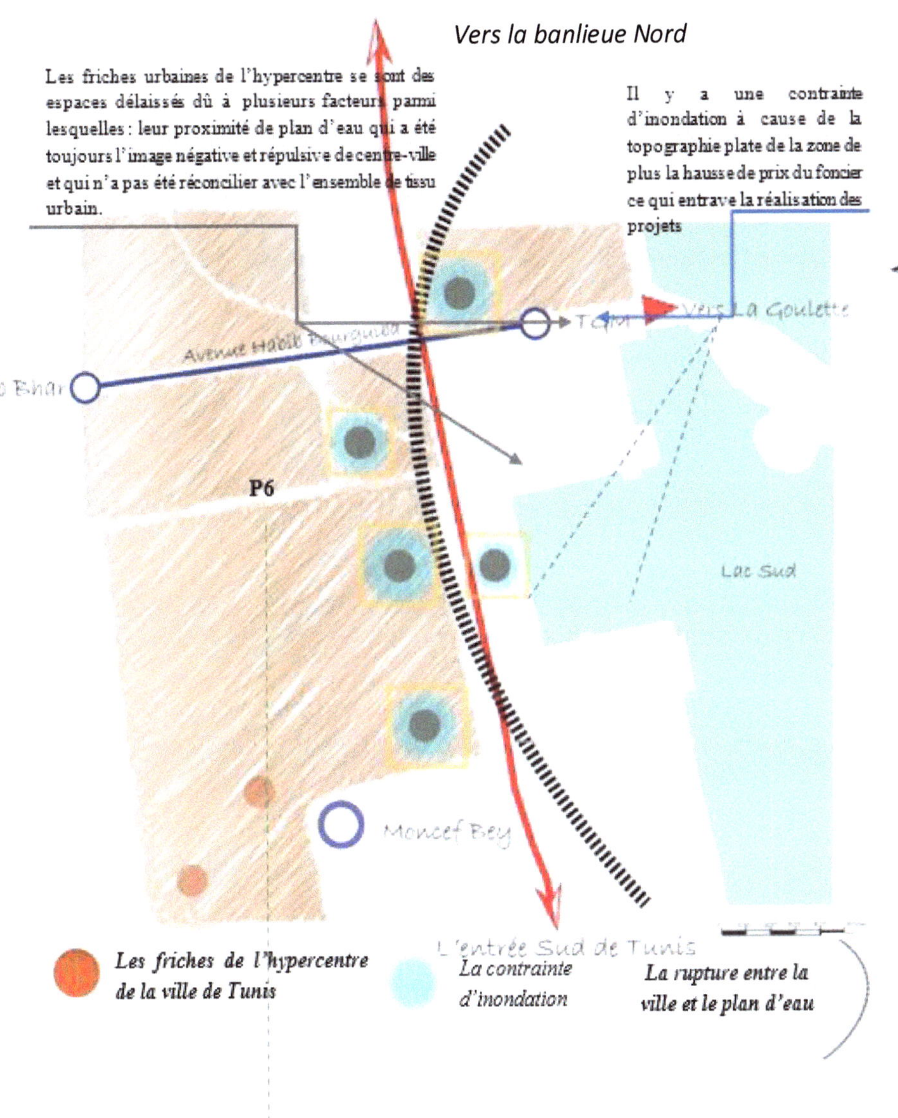

Carte 22 : Schéma des réponses de l'entretien avec
Monsieur Ahmed Khlifi

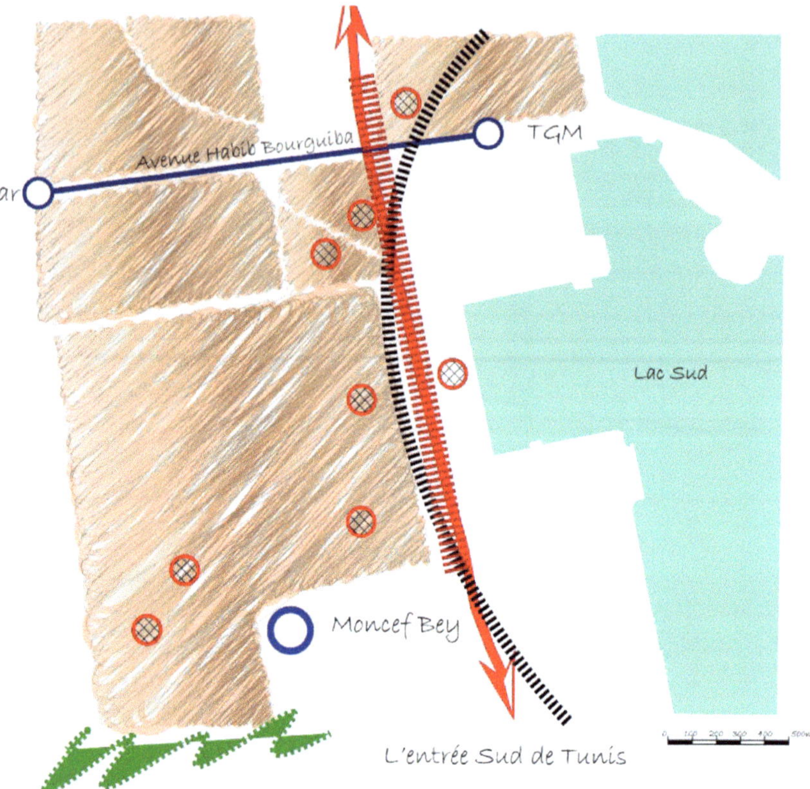
Vers la banlieue Nord
Vers Bab Bhar
Avenue Habib Bourguiba
TGM
Lac Sud
Moncef Bey
L'entrée Sud de Tunis

CHAPITRE 6

Les projets de références

Introduction

Dans ce chapitre, nous allons proposer des projets de référence qui nous permettront d'avoir un vaste champ d'inspiration et qui ont eu à répondre à des problématiques semblables à la nôtre : la revitalisation du centre-ville à partir de la reconquête de ces friches urbaines et afin d'entamer notre phase de conception.

« Le génie est fait d'un pour cent d'inspiration et de quatre-vingt-dix-neuf pour cent de transpiration. »

Thomas Edison

1 – Projet 1 : La reconquête du centre-ville de Niort à partir de la mise en valeur d'une friche industrielle

Présentation du projet

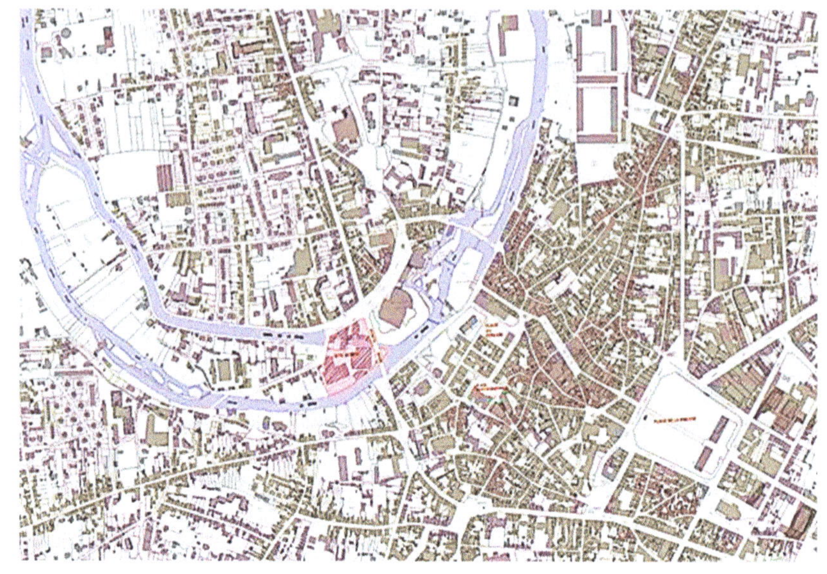

Carte 24 : Situation de projet dans la ville de Niort
Source : www.google.com

Dans le cadre d'une approche visant à renforcer l'attractivité du territoire et à assurer l'aménagement, le développement durable et la mixité sociale, la ville de Niort s'est engagée dans une stratégie de renouvellement urbain et d'une reconquête du centre-ville. Le projet de requalification du site Boinot, anciennes chamoiseries, participe à la valorisation de la mémoire industrielle de la ville et à la reconquête de la Sèvre, en dégageant des perspectives.

Les objectifs majeurs et programme du projet

Ce projet vise à installer des activités garantissant une nouvelle dynamique identitaire et une forte lisibilité du site.

Le projet a pour ambition, à terme, d'accueillir :

– Le CNAR (Centre National des Arts de la Rue) ;
– Une maison de l'Environnement, des espaces mutualisés (expositions, plateaux de fabrication, studios, salles de répétition et diffusion) destinés au CNAR mais aussi à des artistes en résidence ;
– Des locaux d'activités artistiques ;
– Une maison du Tourisme et des espaces d'accueil du public (information, librairie, cafeteria…)
– Des manifestations culturelles ou de quartier mais aussi des spectacles en plein air, transformant cette ancienne friche en un lieu festif et intergénérationnel.

Figure 21 : Anciennes chamoiseries avant l'intervention
Source : www.google.com

Figure 22 : Anciennes chamoiseries avant l'intervention
Source : www.google.com

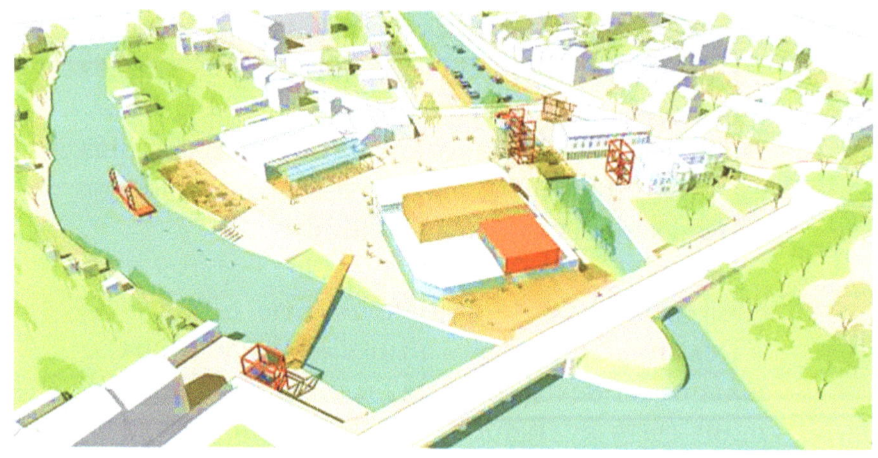

Figure 23 : Vue de plan sur le projet
Source : www. google.com

À retenir pour le projet

Proposition n°1	Garantir la dynamique du centre-ville par la mise en valeur de l'identité que représentent les friches
Proposition n°2	Installer des fonctions qui font appel aux jeunes tels que : les salles d'expositions, espaces festifs, des galeries d'art
Proposition n°3	L'injection des fonctions qui assurent la continuité avec les activités culturelles qui existent au centre-ville tels que des spectacles en plein air intergénérationnels

2 – Projet 2 : l'urbanisme de transition, la transformation des friches en espaces publics et d'activités diverses en France

Présentation du projet

Les initiatives d'urbanisme transitoire se multiplient depuis trois ans, favorisant la participation des usagers au projet final. Les anciens entrepôts du Printemps et la ZAC Alsthom Confluence à Saint-Denis ; la halle Papin à Pantin ; la friche Miko sur le canal de l'Ourcq ; le dépôt ferroviaire de la Chapelle dans le 18ᵉ à Paris ; les halles et hangars de l'île de Nantes ; le terrain vague Foresta au nord de Marseille... autant d'espaces en déshérence, convertis en terrains artistico-festifs, lieux d'expositions, de concerts, en bars buvettes, espaces de coworking, fermes urbaines, incubateurs, ateliers d'artistes... Des squats ? Non, des occupations tout à fait légales, dont certaines sont devenues des adresses très prisées.

Le phénomène a aussi gagné des villes comme Bordeaux, Marseille, Reims, Lille... ou encore Nantes, où la société d'aménagement de l'île de Nantes (Samoa) offre, sur plusieurs sites vacants voués à la démolition ou à la transformation, des bureaux à des loyers planchers à de jeunes entreprises de la création et la culture.

« Ce phénomène d'urbanisme transitoire se développe de façon institutionnelle, encadrée et visible[19]. »

---

[19] Cécile Diguet, urbaniste qui étudie le sujet à l'Institut d'aménagement et d'urbanisme de l'Île-de-France (IAU IF), article « Quand les friches se transforment en laboratoire dans la ville ».

Les objectifs majeurs et programme du projet

– Limiter les dépenses et les risques de dégradation à l'aide des occupations temporaires qui présentent un bon moyen de rentabiliser l'immobilisation d'un terrain ou immeuble vacant, en attendant sa réhabilitation. *« C'est une opération neutre qui nous permet de maintenir les friches industrielles dans un état correct et d'éviter les squats[20]. »*

– L'opportunité de locaux bon marché en pleine ville, ces lieux sont gérés par des professionnels de l'évènementiel ou de l'immobilier, comme Yes We Camp, Souk.

– Machines, Allô la Lune ou encore Plateau urbain, qui jouent le rôle d'intermédiaires entre les occupants et les propriétaires peu habitués à dialoguer avec des artistes ou des « start-uppeurs ». *« Des centaines d'associations, de start-ups ou d'artistes rencontrent des difficultés pour trouver des locaux. En même temps, il existe en Île-de-France 4 millions de mètres carrés de bureaux vacants, dont près d'un quart non loué depuis quatre ans ou plus et souvent en reconversion, en attente d'être transformés ou détruits, ces espaces peuvent permettre de répondre au besoin urgent de petites structures de trouver des locaux bon marché en pleine ville[21]. »*

– Attractivité nouvelle de zones en déshérence par la mise en place d'une Mobi Lab., une structure d'expérimentation et d'animation autour du réemploi. Mobi Lab. a pour vocation d'ouvrir le chantier

---

[20] Lénaïc Le Bars de la Société d'aménagement de la métropole ouest (Samoa), article « Quand les friches se transforment en laboratoire dans la ville ».

[21] Simon Laisney, créateur de Plateau urbain, article « Quand les friches se transforment en laboratoire dans la ville ».

au public et de concevoir à partir de matériaux issus de ressources locales (démolitions, déchetteries) de nouvelles formes de mobilier urbain qui pourront s'intégrer dans le futur quartier. « *L'objectif est de sensibiliser les habitants voisins actuels et les futurs habitants à la prévention et réutilisation des déchets[22].* »

– Favoriser la participation des usagers. « *Nous souhaitons favoriser une participation des futurs usagers (habitants, salariés du quartier, entrepreneurs, riverains impliqués, associations porteuses de projets), et des activités moins traditionnelles, de type artisanal et associatif[23].* »

Figure 24 : Le dépôt Chapelle de la SNCF, dans le 18e à Paris, s'est transformé de mai à octobre 2016 en un lieu alternatif. Source : www.google.com

---

[22] Paul Chantereau, article « Quand les friches se transforment en laboratoire dans la ville ».
[23] Mme Van Waveren, article « Quand les friches se transforment en laboratoire dans la ville ».

La figure 47 présente un ancien dépôt Chapelle de la SNCF, dans le 18e à Paris, qui s'est transformé de mai à octobre 2016 en un lieu alternatif, baptisé « Grand Train », alliant un musée éphémère (avec l'exposition de 25 locomotives) et divers bars restaurants, une petite salle de cinéma, un marché en circuit court, une salle de jeux pour enfant, un terrain de pétanque, des transats au soleil.

Figure 25 : Un hangar désaffecté transformé en un espace culturel. : Source : www.google.com

La figure 48 présente un ancien hangar du karting, un des sites vacants sur l'île de Nantes voués à la démolition ou à la transformation, où la Samoa offre à de jeunes entreprises de la création et de la culture des bureaux à des loyers planchers.

Figure 26 : Friche de Miko transformée en Mobi Lab.
Source : www.google.com

La figure 49 présente la friche Miko au bord du canal de l'Ourcq et animé par l'association d'architectes Ballastock, le Mobi Lab. propose des activités d'auto-fabrication (bricolage, construction, et création) à partir du réemploi de matériaux.

Retenir pour notre projet

Proposition n°1	**Injecter des fonctions temporaires et évène-mentiels**
Proposition n°2	Faire des friches une op-portunité qui répond aux besoins des jeunes loca-taires pour des startuppers et de nou-veaux projets associatifs
Proposition n°3	Assurer la participation des citoyens et des usa-gers

3 – Projet 3 : La reconquête des friches ferroviaires à Bordeaux

Présentation du projet

Il y a un peu plus de 25 ans, le projet de la rive droite germait, faisant poindre peu à peu les richesses et le potentiel nécessaires à sa transformation. Retour sur le processus de mutation de ces quartiers longtemps restés enclavés dans la ville et qui sont aujourd'hui le moteur du projet métropolitain, dans un quartier longtemps resté en friches, les composantes de la fabrique métropolitaine sont à l'œuvre. Avec plus de 150 millions d'euros d'investissement, la ZAC Bastide Niel constitue l'un des plus importants projets de reconversion de la métropole sur laquelle plancheront plus de 120 architectes.

Et s'« il n'y a pas de patrimoine sans projet », on peut être certain que le projet ne se fera pas sans patrimoine. Celui d'hier et de demain.

Figure 27 : Vue aérienne de la rive droite de Bordeaux
Source : www.google.com

Les objectifs majeurs et programme du projet

– Le projet prend en compte le déjà-là ; la conscience qu'un patrimoine historique, architectural et humain est à préserver renverse les premières intentions.

– Concevoir une « ville intime », en écho à la ville ancienne de la rive gauche.

– Créer des « espaces publics de poche » plutôt que de grandes esplanades.

– Conserver la trace du parcellaire ferroviaire et la mémoire du patrimoine industriel encore en place.

– Assurer un juste équilibre entre évocation de la mémoire du site et développement urbain contemporain et durable.

– 45 % des surfaces seront consacrées aux seuls espaces publics et les volumétries des îlots sous-tendent la vocation réelle d'écoquartier.

– Préserver les richesses et l'identité.

– Implanter un véritable biotope à la philosophie entrepreneuriale et créative où la sobriété est une priorité.

– Proposer une reconversion sobre, conciliant respect du patrimoine, innovation écologique et qualité d'usage.

Figure 28 : Vue de l'intérieur   *Figure 29 : La friche avant l'intervention*

Source : www.google.com

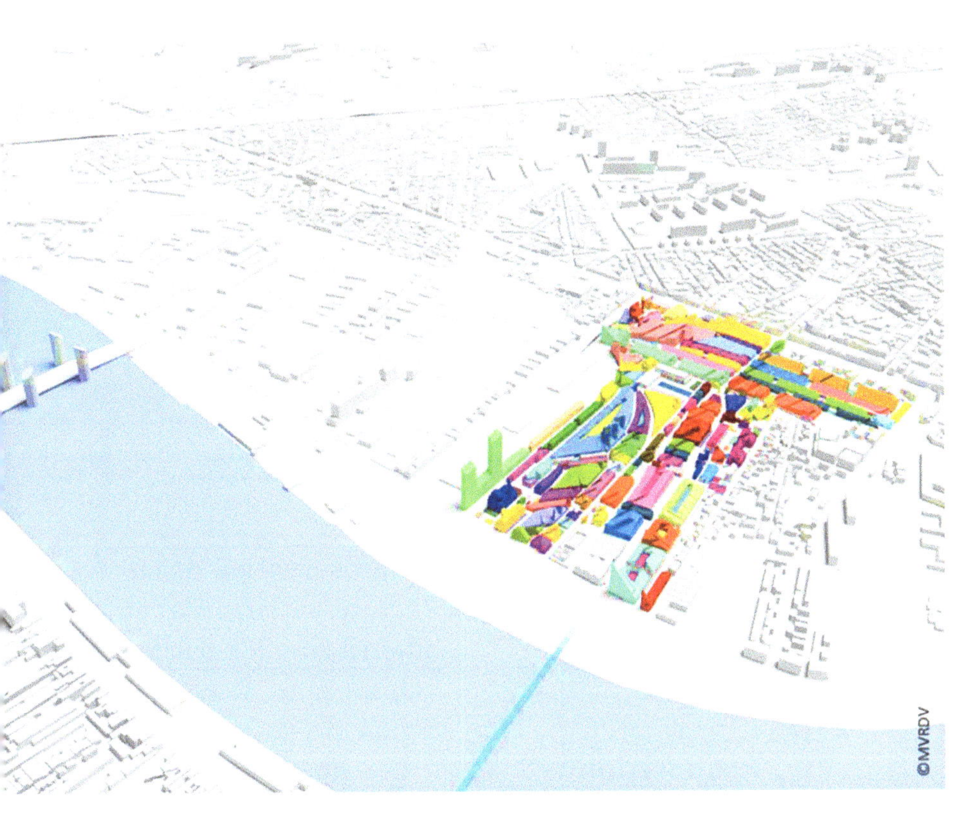

Plan 1 : Vue aérienne du projet Niel
Source : www.google.com

103

Proposition n°1	La préservation de caractère patrimonial et identitaire des friches
Proposition n°2	Opter pour des fonctions qui assurent un lien de vie entre le centre-ville et la ville indigène
Proposition n°3	Créer des espaces extravertis tout en tirant profit de la proximité de plan d'eau
Proposition n°4	Proposer une reconversion sobre, conciliant respect du patrimoine, innovation écologique et qualité d'usage
Proposition n°5	Créer des « espaces publics de poche »

CHAPITRE 7

... Se recompose

Introduction

Ce chapitre est une « re » composition des différents concepts et constats tirés le long des chapitres précédents. Il se compose de trois parties essentielles dans le processus de conception :
- **Définition des enjeux et orientations ;**
- **Choix du Parti urbanistique ;**
- **Conception du projet : vers la reconquête des friches.**

1 – Enjeux, orientations et actions

Il est question dans cette partie de proposer et mettre en ordre les enjeux, les orientations, les actions, les fusionner, les hiérarchiser et les traduire en spatialités dans le but de redynamiser l'hypercentre à travers une reconquête de ces friches.
Afin d'identifier les enjeux et les orientations, nous allons dans une première partie récapituler les potentialités et les dysfonctionnements de notre échelle d'intervention que nous avons tracés à partir de l'analyse de notre territoire d'étude tout en utilisant différentes approches (thématiques, par observation, séquentielles et participatives).

Les potentialités de notre territoire d'étude et d'intervention se présentent ainsi :
- La position stratégique et centrale de territoire d'étude et d'intervention ;

– Un espace d'identité urbaine, architecturale et paysagère ;
– Le territoire d'intervention est bien desservi et accessible par divers modes de transports ;
– La présence d'un parc d'équipements et services assez important ;
– La présence d'une triangulation naturelle et paysagère.

Les dysfonctionnements de notre territoire d'étude et d'intervention sont :
– Une fragmentation entre les différentes parties de tissu urbain de territoire d'étude ;
– Un état de délabrement de cadre bâti ;
– Problème de congestion et de stationnement ;
– Dévalorisation et accessibilité limitée vers les éléments naturels existants.

Des contraintes foncières

Des contraintes fonctionnelles dont la plupart des friches en veille sont utilisées en tant que dépôts, ateliers des tourneurs ou menuiseries

Les friches présentent des espaces supports des pratiques dégradantes : squats, boire de l'alcool, utiliser des substances illicites, spéculation, etc.

Il y a l'absence d'activités de loisirs et l'insuffisance d'espaces de rencontre et les places publiques.

À partir d'un croisement entre les potentialités existantes et les dysfonctionnements, nous pouvons identifier les enjeux et les orientations, et en concordance avec les propositions que nous avons eues au niveau des ateliers participatifs, nous allons spa-

tialiser les actions qui vont constituer notre projet
par la suite.

Enjeux	Orientations	Actions
Urbains		
Mise en lumière et la confirmation des valeurs identitaires (Urbains , architecturals , paysagers)	O1: Proposer un réaménagement qui tient compte les spécificités urbaines, architecturales et paysagères du territoire d'étude.	- Assurer la continuité par le prolongement de la trame verte de l'axe principal - Créer des perspectives qui s'ouvrent sur les éléments naturels existants
	O2: Garder le style architectural existant des friches .	- Entrelacer les arteres principales par un aménagement sobre et vert - Recommander une architecture conciliant dansle respect de patrimoine - Recommander une architecture extravertie et légère
Mettre en place une couture urbaine et sociale	O1: Opter pour des fonctions qui assurent le lien entre le centre-ville et ses composantes .	- Créer un espace de rassemblement et de convivialité jalonné d'un jardin aquatique
	O2: Créer des fonctions qui assurent la couture entre le centre -ville et le quartier de la petite Sicile.	- Instaurer un centre d'interprétation - Créer un parcours événmentiel reliant l'hypercentre au quartier de la petite Sicile
Economiques		
Amélioration de la centralité et l'attractivité du territoire d'étude en adéquation avec son rôle d'hypercentre de la capitale	O1: Créer un pôle en s'appuyant sur la fonction culturelle et de loisir	- Créer des espaces de coworking qui offrent la flexibilité d'usage, des services et la convivialité - Créer des friches une opportunité qui répond aux besoins des jeunes locataires pour les startuppers et les nouveaux projets associatifs
Socioculturels		
Amélioration des qualités sociales de l'espace en travaillant ces deux dimensions : urbanité et la sociabilité	O1: Installer des fonctions qui assurent l'urbanité.	- Créer des espaces intermédiaires et semi- extérieurs pour encourager le rassemblement et la rencontre des occupants
	O2: Créer des fonctions qui aident à la sociabilité et la mixité	- Installer des fonctions qui font appel aux jeunes - Créer des espaces qui garantissent l'aspect intergénérationnel - Créer des espaces qui aident à la pratique de compagnonnage

Figure 58 : L'urbanité et la sociabilité

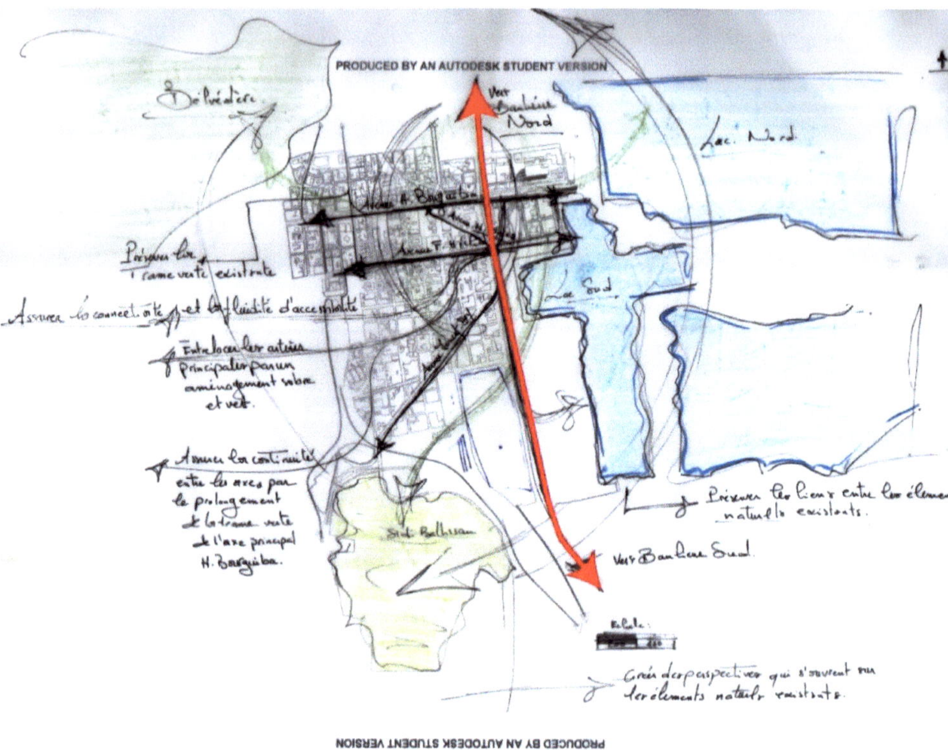

Schéma 1 : Les intentions à l'échelle de l'hypercentre

Le premier schéma représente les orientations et les actions préliminaires à l'échelle de notre territoire d'étude.

Nous avons mis l'accent sur la couture urbaine entre les différentes composantes urbaines de l'hypercentre.

Nous avons misé sur l'importance de la dimension environnementale et paysagère dans notre composition du projet.

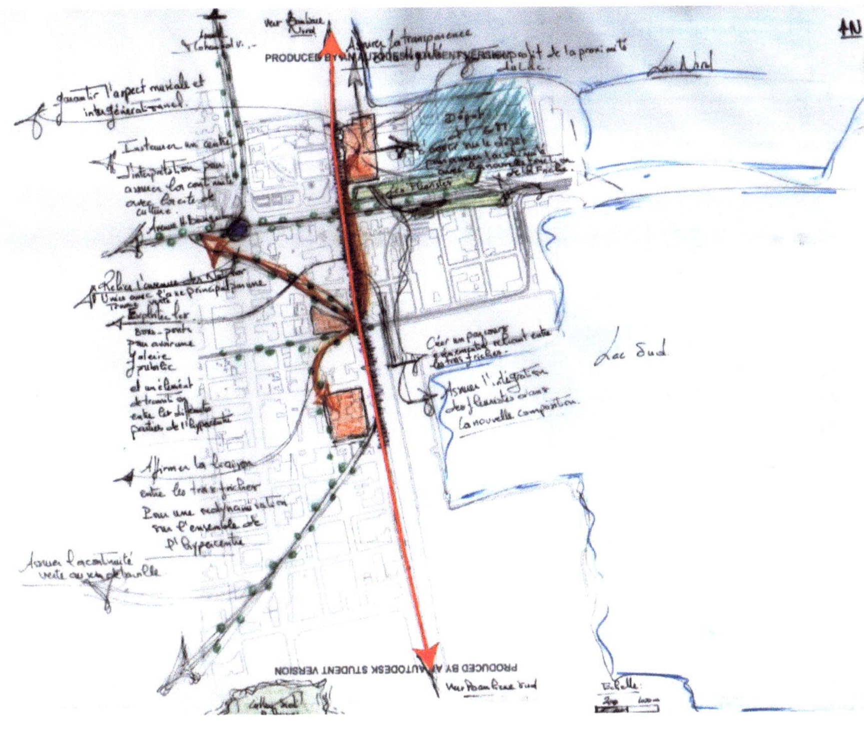

Schéma 2 : Les intentions à l'échelle des friches

Au niveau du deuxième schéma, nous avons mis en place les premières orientations et actions par rapport à notre échelle d'intervention et son entourage.

À partir de la synthèse de l'analyse et des deux schémas précédents, nous allons mettre en place notre tableau des enjeux, orientations et actions afin d'entamer notre projet.

Programme d'intervention

Le choix du programme découle des résultats des ateliers participatifs, des dysfonctionnements et des potentialités de territoire d'étude identifiés au niveau de l'analyse et des enjeux et orientations définis. En me référant aussi aux projets de références mentionnés dans le chapitre précédent, nous avons abouti à un programme qui comporte des espaces ayant un apport culturel, social et commercial avec des lieux communs de sociabilité et de différentes parties de l'hypercentre.

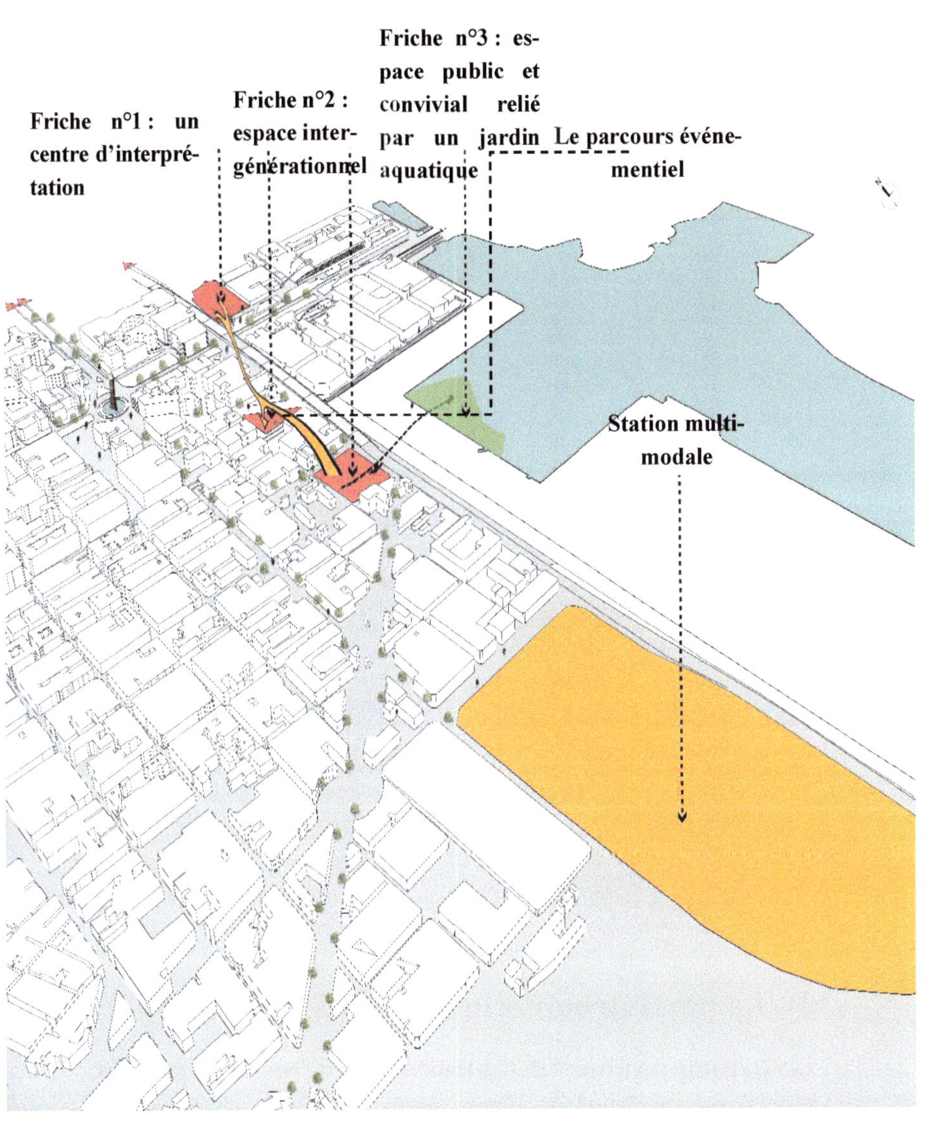

Plan 2 : Le programme du projet

Désignation	Fonction	Emplacement	Surface (m²)
Friche n°1	*Centre d'interprétation*	*Avenue Habib BOURGUIBA*	**6458**
Friche n°2	*Espace intergénérationnel*	*Avenue des Nations Unies*	**2685**
Friche n°3	*Espace convivial et de coworking*	*Quartier petite Sicile : Rue Fares Khouri*	**6945**
Jardin aquatique	*Espace de détente au bord du Lac*	**Lac Sud de Tunis**	
Parcours événementiel	*Parcours reliant entre les trois friches par une galerie publique sous le pont*	*De l'avenue Habib Bourguiba jusqu'a atteindre la Rue de Fares Khouri*	
Parcours environnemental et paysager	*Parcours reliant la ville et le plan d'eau*	*De l'espace convivial et de coworking jusqu'a atteindre le Lac*	
Station multimodale	*Un pôle de mobilité*	**Entrée Sud de la ville de Tunis** *au niveau de l'autoroute A1*	**159178**

Tableau 3: Tableau de programme d'intervention

2 – Le parti urbanistique

Le principal objectif d'intervention, est d'ancrer le rôle fondamental de l'hypercentre :

    – En améliorant son image ;

    – En mettant en valeur son caractère identitaire ;

    – En améliorant son caractère d'attractivité, dynamique et de centralité ;

    – En le rendant un espace fédérateur de tous les Tunisiens.

Les références

Cette carte présente des exemples que nous allons prendre en référence pour notre projet.

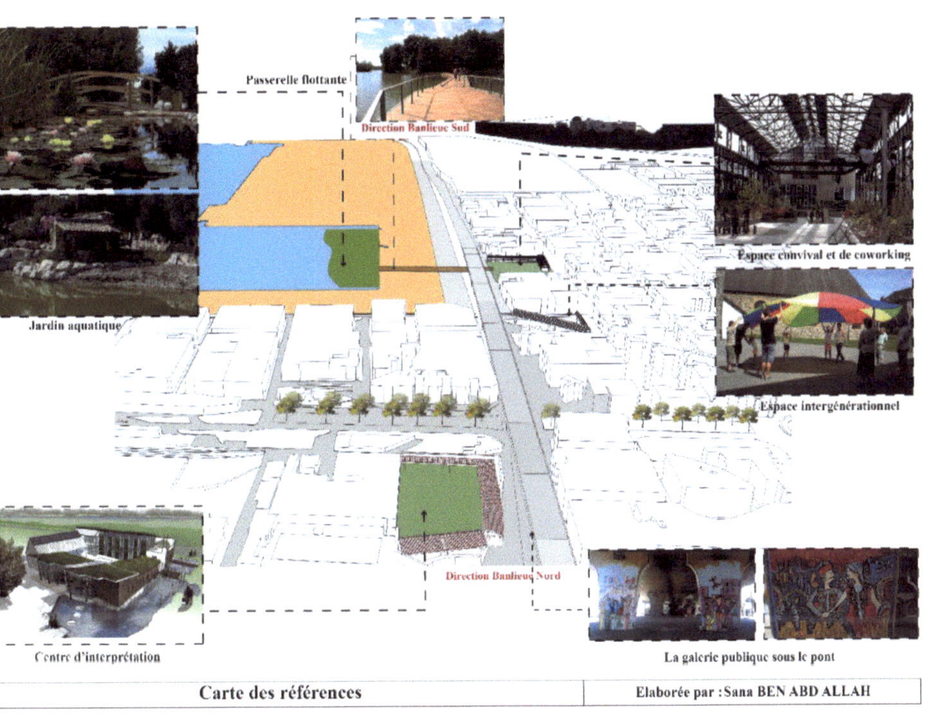

Carte 25 : Carte des références pour le projet

3 – Genèse du projet : vers la reconquête des friches

Dans cette phase, nous allons présenter les éléments qui composent notre projet et les différentes interventions que nous avons mis en place afin de mettre en valeur les friches de notre territoire d'étude.

Le plan détaillé

Ce plan représente la spatialisation des orientations et actions que nous avons définies précédemment.

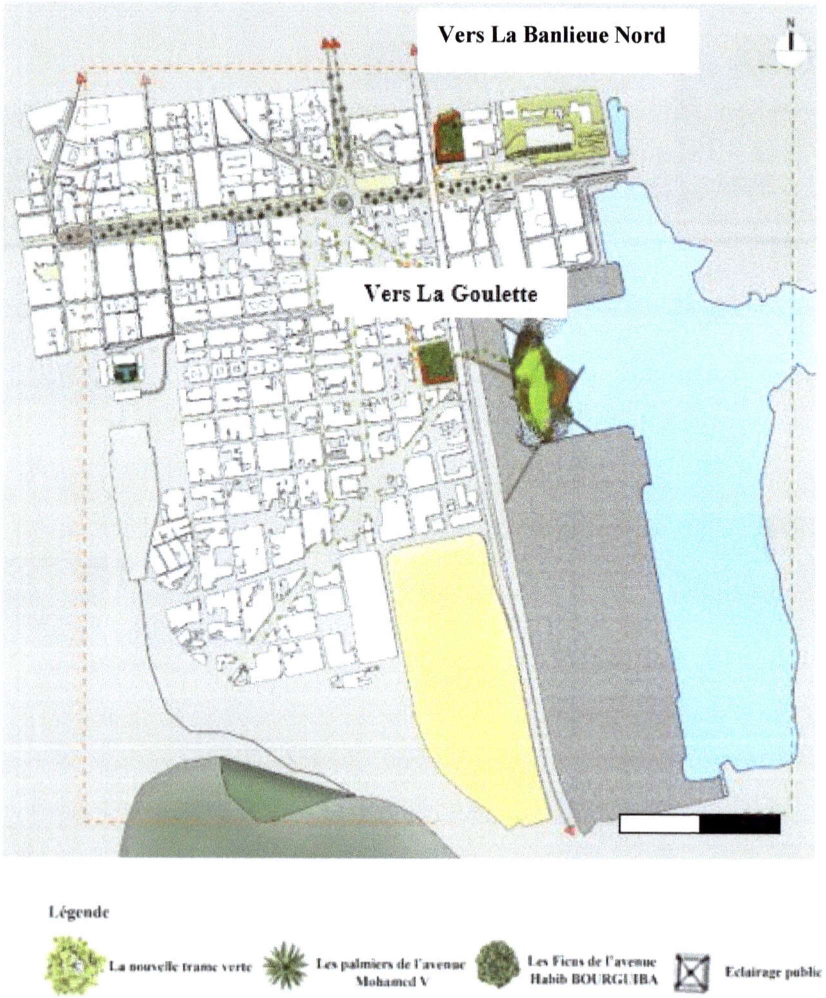

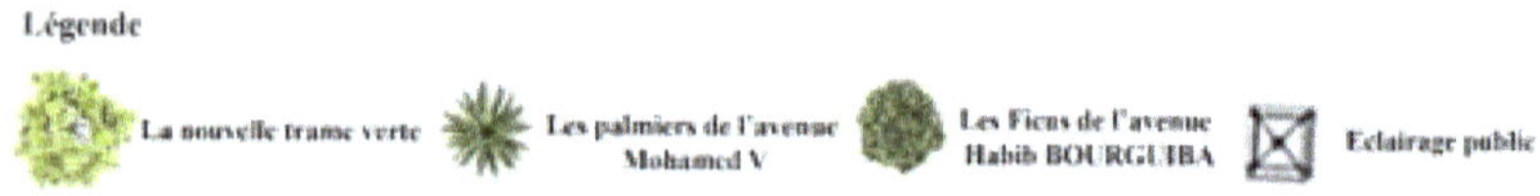

Plan 3 : Le plan détaillé

À travers la carte suivante, nous allons parcourir l'hypercentre tout en passant par différents espaces culturels qui offrent des événements diversifiés :

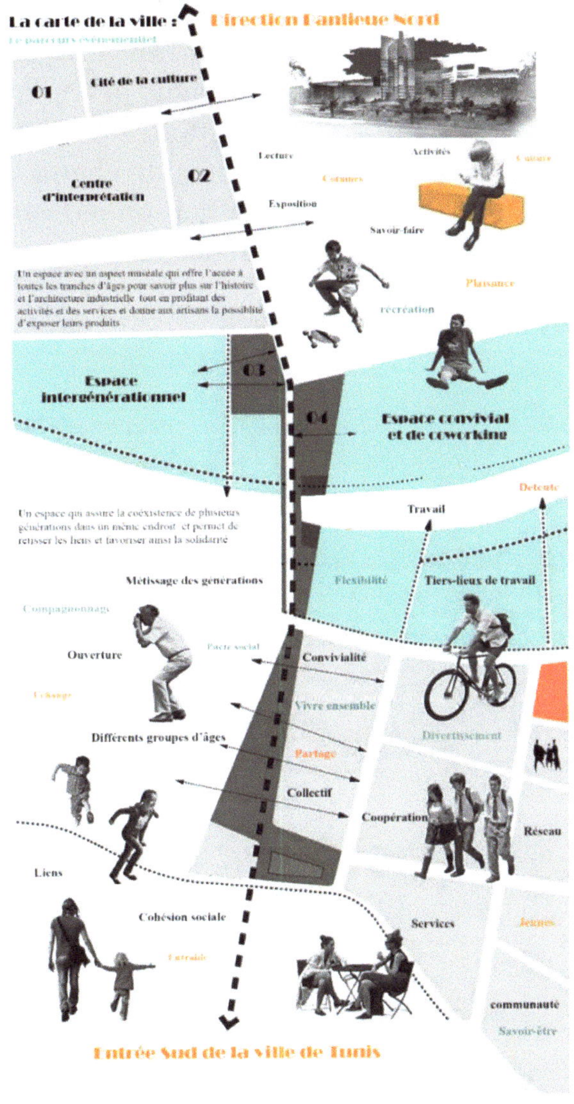

Carte 26 : Carte de la ville ; le parcours évènementiel

Les canaux de communication

Afin d'assurer le marketing de notre projet, nous avons choisi les flyers dans le but d'avoir une distribution de l'information d'une manière plus claire et compréhensible pour toutes les tranches d'âge.
Ce flyer décrit brièvement la ligne de vie qui relie les activités culturelles existantes et projetées, l'emplacement et les spécificités de chaque espace dans le but d'être bien guidé tout en parcourant la ville de l'entrée jusqu'à la sortie.

Détails du projet

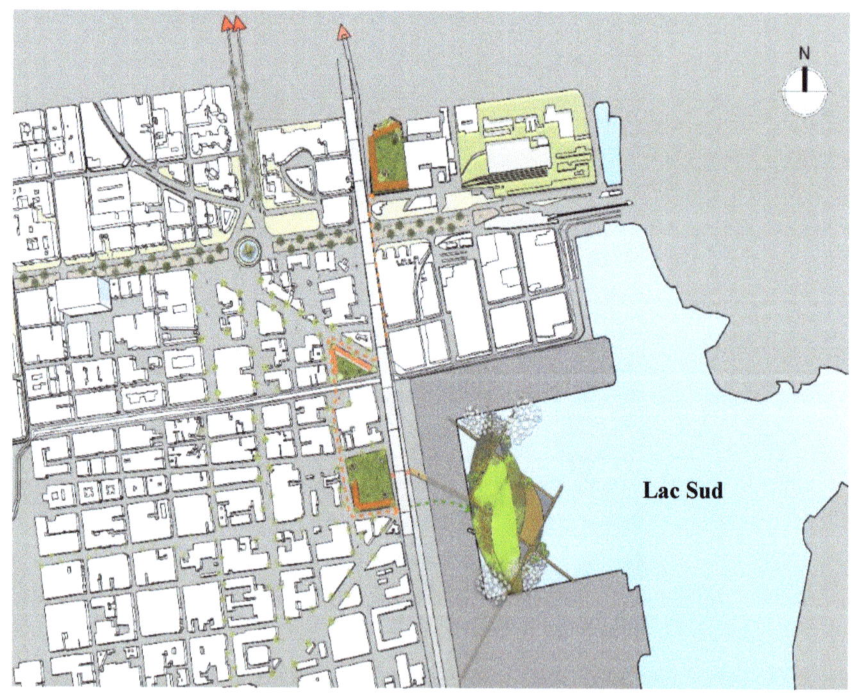

ÉCHELLE
200m

Plan 4 : Zoom sur le plan détaillé

Le plan ci-dessus nous montre l'intégration des
friches dans le tissu par les nouvelles fonctions in-
jectées et la revitalisation de l'hypercentre par la
mise en place de deux parcours : le premier assure
la couture sociale et culturelle entre les trois friches
et le deuxième assure la couture environnementale
et paysagère entre l'hypercentre et le plan d'eau.

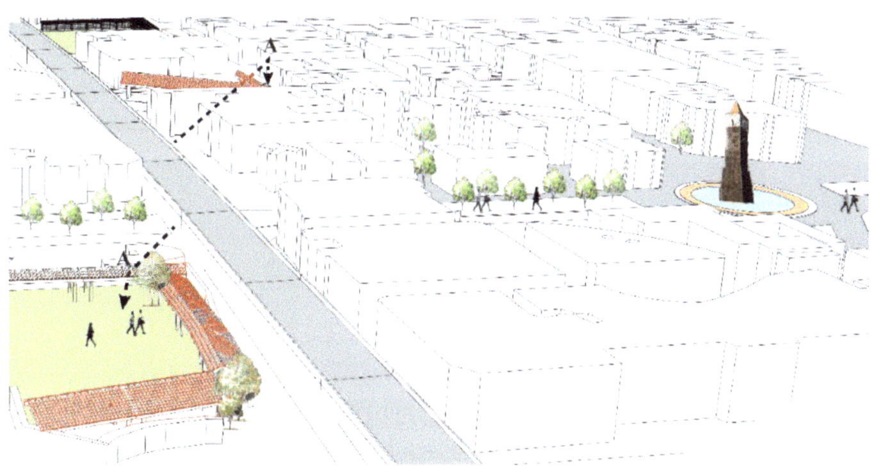

Plan 5 : Plan du profil A-A : élaboration personnelle

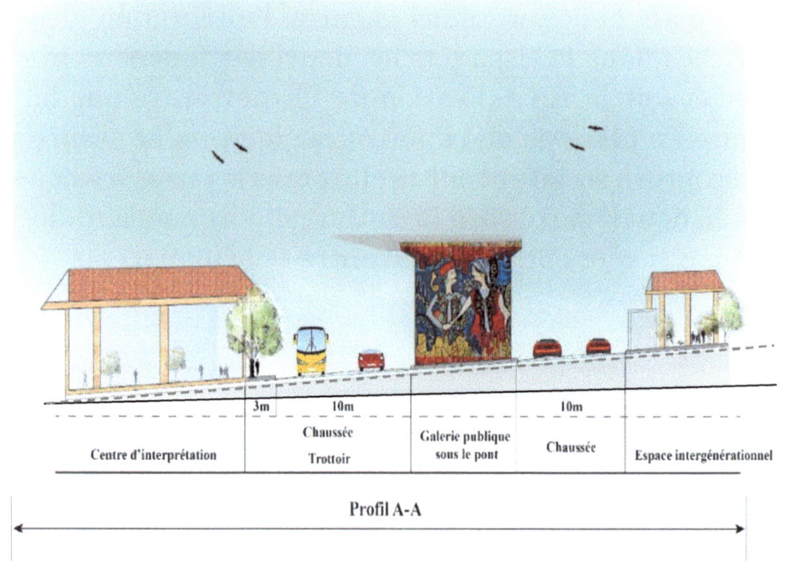

Profil 1 : Profil A-A

Ce profil définit le lien artistique qui se manifeste par la galerie publique sous le pont entre les deux espaces instaurés dans les friches.

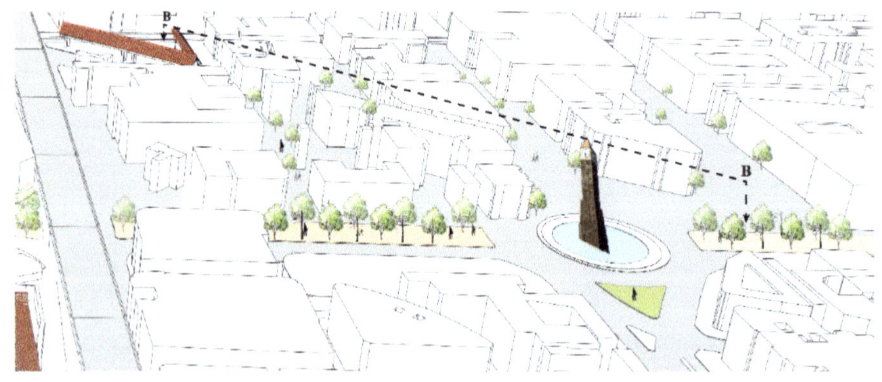

Plan 6 : Plan du profil B-B

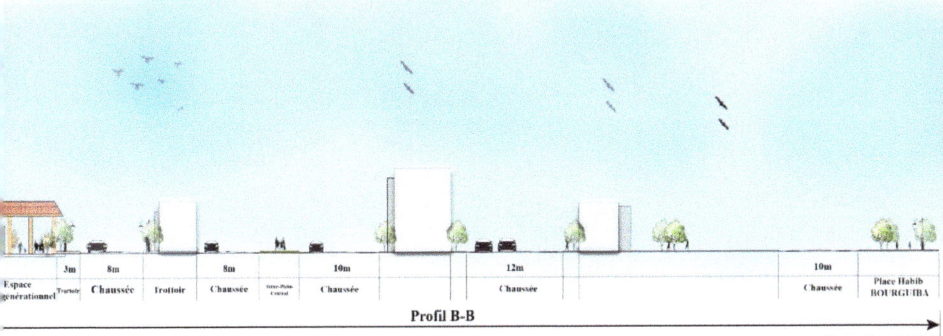

Profil 2 : Profil B-B

Ce profil représente le passage direct de l'espace intergénérationnel vers l'avenue Habib Bourguiba, ce qui justifie la position stratégique de cet espace et la continuité avec l'ensemble du territoire d'étude.

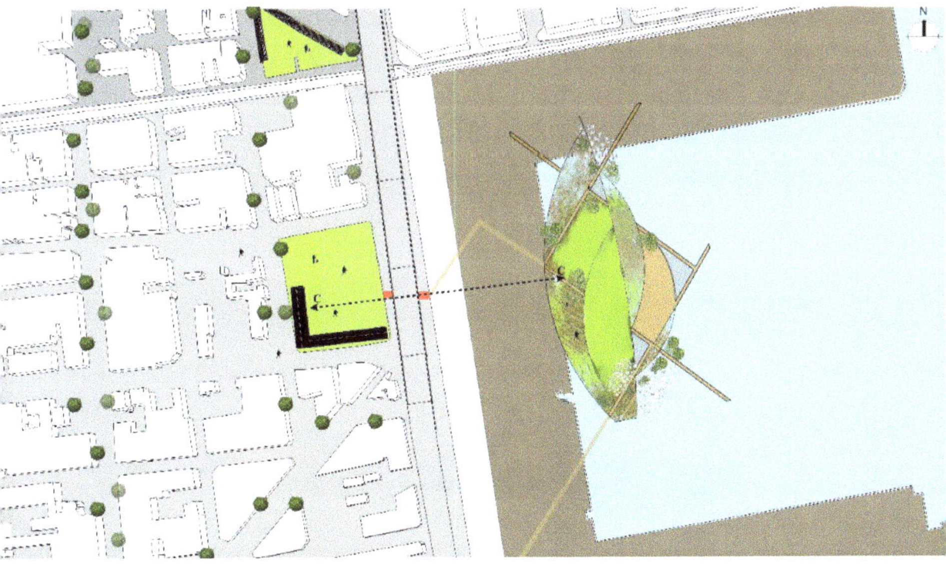

Plan 7 : Plan du profil C-C

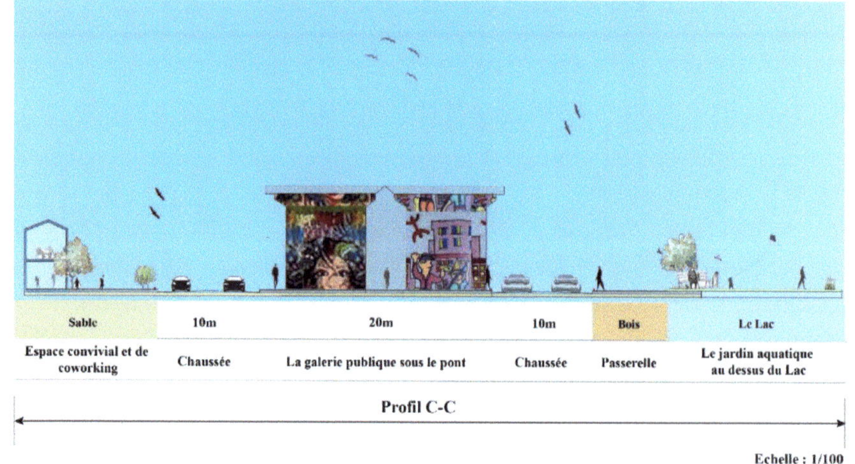

Profil 3 : Profil C-C

Ce profil montre le passage de l'espace convivial et de coworking vers le jardin aquatique, ce passage piétonnier se caractérise par l'assurance de la sécurité des piétons par la mise en place des éléments signalétiques tout au long du parcours jusqu'à atteindre la passerelle qui facilite l'accès au jardin aquatique.

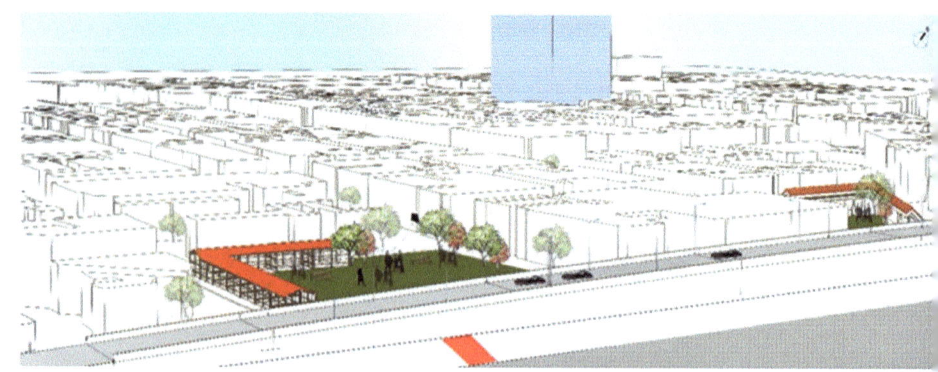

Figure 33 : L'ambiance à l'intérieur des friches

Les friches instaurent des nouvelles ambiances à
l'hypercentre ; de plus, elles offrent une consistance
culturelle et favorisent la mixité sociale.

*Figure 34 : Vue 3D du pont sur les nouvelles fonctions
introduisent dans les friches*

Cette figure représente la continuité et l'harmonie
du cadre urbain et de style architectural créées par
les nouveaux espaces introduits dans les friches.

4 – Le parcours environnemental et paysager

Les deux croquis définissent les caractéristiques du jardin aquatique, qui offre une ouverture directe sur le plan d'eau avec un entourage verdoyant accentué par la présence de la végétation avec un croisement des passerelles qui facilite la circulation des visiteurs et permet de fusionner le rapport végétal-minéral.

Croquis 1: L'espace végétal à l'intérieur du jardin aquatique

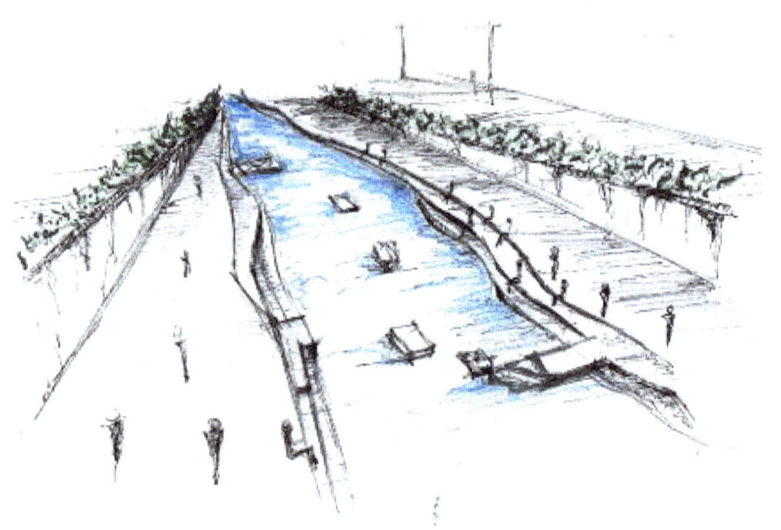

Croquis 2 : L'esplanade minérale et végétale du jardin

Le jardin aquatique assure la réconciliation entre la ville et le plan d'eau et crée à la fois une liaison environnementale et paysagère entre la friche et le lac.

*Croquis 1 : La trame verte vers la colline
de Sidi Belhssan*

Le prolongement de la trame verte des artères principales vers les axes qui mènent à la colline, le parc
naturel et les nouveaux espaces instaurés dans les
friches dans le but d'assurer un aspect d'uniformité
et d'harmonisation entre les différentes parties de
l'hypercentre.

Croquis 2 : Le lien verdoyant vers le parc naturel Belvédère

De plus, ces liens verdoyants assurent une couture urbaine entre l'hypercentre et les espaces naturels existants et ils dessinent des perspectives qui favorisent l'intégration de ces espaces et l'accès des citoyens vers ces espaces.

CONCLUSION GÉNÉRALE

Au terme de ce livre, nous avons essayé de mettre en exergue l'importance d'aborder une nouvelle lecture des friches situées au cœur de la ville.

Notre problématique a mis en question et l'accent sur deux parties importantes : la première, l'environnement des friches, l'hypercentre de la capitale du pays qui se caractérise actuellement par un état déplorable et de déclin ; la deuxième partie a mis en lumière les friches qui présentent un véritable potentiel, mais d'autre part, elles incubent dans leur intérieur une atmosphère tendue et noyée. Afin de répondre à notre problématique, nous avons tenté de tirer parti de ce potentiel sinistre dans le but de redorer et revitaliser l'image de l'hypercentre.

Il a fallu dans un premier temps définir les notions et les concepts en rapport avec le centre-ville et les friches d'une manière générale, puis spécifiquement par rapport à notre territoire d'étude et d'intervention, il convenait alors de faire une recherche bibliographique exhaustive.

Au niveau du deuxième chapitre, nous avons opté pour une analyse thématique et distinctive qui nous a aidé à déduire les potentialités et les dysfonctionnements de notre territoire d'étude. Par la suite, nous avons abordé l'échelle d'intervention tout en utilisant différentes approches afin de mieux comprendre l'insertion des friches dans l'ensemble du tissu urbain.

Dans un premier lieu, nous avons commencé par l'identification des caractéristiques et spécificités des friches choisies pour l'intervention ; par la suite, nous avons opté pour la concertation par observation qui a contribué à définir l'état de bâti et l'affectation actuelle des friches, puis nous nous sommes orientés vers l'analyse séquentielle qui a mis l'accent sur l'importance des champs visuels et des perspectives qu'offre la position des friches.

Pour une analyse qui répond aux critères de l'urbanisme participatif, nous avons choisi d'intégrer les citoyens, les étudiants et les enseignants dans notre étude par un travail d'enquête divisé sur trois ateliers, ce travail a pris beaucoup de temps dans le but d'avoir différentes perceptions par rapport à ces friches et leur environnement, pour une composition participative du projet et afin de satisfaire leurs besoins et attentes.

Cela nous a aidé à repenser et recomposer notre territoire d'étude tout en développant une synergie entre les différentes composantes de ce dernier à travers l'injection de fonctions au sein des friches qui assurent la continuité avec le contexte existant et présentent également une réponse directe à un besoin présent, ainsi elles prennent en considération la mémoire des lieux et les exigences futures.

En outre, notre projet appelle à vivre des occasions d'émerveillement, de convivialité et des moments de vie à l'intérieur des friches ; nous proposons une consistance culturelle à nos manières d'être et en relation avec les lieux d'activités culturelles de proximité, dans le but d'avoir une nouvelle dynamique qui sera toujours en évolution.

De plus, le projet prend en considération les dimensions environnementale et paysagère dans l'objectif d'avoir un projet respectueux de l'environnement tout en misant sur les potentialités paysagères pour l'embellissement de l'ensemble du territoire d'étude. Enfin, les friches ne présentent qu'un début vers l'instauration des principes de l'urbanisme transitoire qui peut être une réponse non seulement spatiale mais aussi économique et sociale dans différentes villes de Tunisie et vers une utilisation optimale des potentialités qu'offre notre territoire et contribuent à l'émergence de l'image postrévolutionnaire de la Tunisie à partir de la création des projets mettront en premier lieu les attentes des citoyens et misant sur une lecture des parties dans l'ensemble et autre globale de l'ensemble dans les parties.

BIBLIOGRAPHIE

Livres & ouvrages

– ABDELKAFI J., *La médina de Tunis*, Éditions Alif, 1989.

– AMMAR L., *Tunis, d'une ville à l'autre : cartographie et histoire urbaine, 1860-1935*, Éditions Nirvana, 2010.

– BEN BECHER F., *Tunis, l'histoire d'une avenue*, Éditions Nirvana, 2003.

– CHOAY F., *L'allégorie du patrimoine*, Éditions du Seuil, Paris, 1992.

– LEGUENIC M., *L'approche participative, fondements théoriques, application à l'action humanitaire*, septembre 2001.

– MADANI SAFAR Z., *Urbanité(s) et Citadinité(s), dans les grandes villes du Maghreb*.

– PANAREI P., *Analyse urbaine*.

– SEBAG P., *Tunis, l'histoire d'une ville*, Éditions L'Harmattan, 2000.

Mémoires et thèses

– BUJUMBURA B., *Étude d'acceptabilité du femidom au Burundi, Bujumbura*, mars 2002.

– AMMAR L., *La rue à Tunis, réalités, permanences et transformations : de l'espace urbain à l'espace public, 1835-1935*, Paris 8, sous la direction de Pierre Pinon, 2007.

– BEAUMONT G., *Occupation temporaire et aménagement des friches urbaines*, ENA Nancy, 2017.

– BEN RHUMA MA, *Retisser la ville : restructuration urbaine de la zone de la gare d'Hammam-Lif*, ENAU, 2018.

– BELLILI T., *Réconciliation de la ville de Tunis avec son vieux port, la reconversion du port en port de plaisance*, ISTEUB DNUA, 2015.

– BOUDJADJA R., *La dimension environnementale dans le projet de régénération urbaine du quartier de bardo à Constantine*, 2010.

– CHOUAIEB S.A, *Le parcours dans la ville de Tunis entre passé, présent et futur*, ENAU, sous la direction de Mohamed Sid, 2016.

– FRATRAS F. et MONFORT A., *Les docks Vauban, des friches industrialo-portuaires à un usage urbain ?* Université Havre, 2010.

– SOUISSI R., *La pause dans la ville*, ENAU, 2017.

– VANTORRE H., *Le recyclage urbain, faculté d'architecture, d'ingénierie architecturale d'urbanisme (site Bruxelles)*, 2017.

– VERONIQUE S., *La reconquête du centre-ville : du patrimoine à l'espace public. Thèse de doctorat*, Univ. Genève, 2003.

Colloque

– Colloque international Oran Algérie, (2008) « Réhabilitation et revitalisation urbaine à Oran ».

Webographie et références

– https://www.lemoniteur.fr/article/friches-portuaires-strasbourg-se-rapproche-du-rhin.1897854

– https://www.cairn.info/revue-autrepart-2006-3-page-129.htm

– http://novembre-architecture.com/projet/reconversion-du-site-boinot-a-niort-79/

– https://anabf.org/pierredangle/dossiers/enclaves-urbaines/construire-la-metropole-entre-patrimoine-et-innovation-la-reconversion-de-la-friche-niel-a-bordeaux

– https://www.lemonde.fr/smart-cities/article/2017/06/09/quand-les-friches-se-transforment-en-laboratoires-de-la-ville

Les Pros de l'Immo

Dirigée par Fares Zlitni, un jeune expert de l'immobilier, la collection Les Pros de l'Immo fait découvrir à ses lecteurs les meilleures astuces du marché immobilier, ses évolutions présentes et à venir, mais aussi tout ce qui concerne l'habitat, l'urbanisme, qui composent notre environnement, notre bien-être et notre cadre de vie depuis que l'Homme existe.

Découvrez les autres collections de JDH Éditions

Magnitudes

Drôles de pages

Uppercut

Nouvelles pages

Versus

Les Collectifs de JDH Éditions

Case Blanche

Hippocrate & Co

My Feel Good

F-Files

Black Files

Quadrato

Baraka

Sporting Club

Les Pros de l'Éco

Tierra Latina

Suivez **JDH Éditions** sur les réseaux sociaux pour en savoir plus sur les auteurs, les nouveautés, les projets…

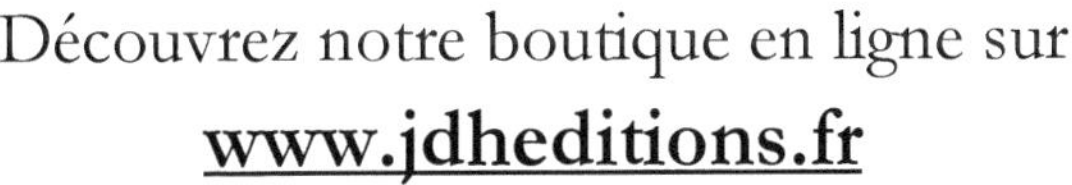

Découvrez notre boutique en ligne sur
www.jdheditions.fr